城市森林土壤
微生物群落分布及影响机制：
以蜀山森林公园为例

Characteristics of Soil Microbial Communities in
Major Forest Stands and Their Control Mechanisms:
A Case Study of Shushan Forest Park

王敉敉　著

U0231472

化学工业出版社

·北京·

内容简介

本书在概述森林土壤微生物及其影响因素和研究意义的基础上，通过土壤微生物群落影响机制实验，分析了不同林分的土壤理化性质特征、土壤微生物功能多样性及其影响机制、不同林分土壤细菌群落结构和功能基因谱及其影响因素，最后展望了森林土壤微生物未来的研究方向。

本书具有较强的参考价值，可供从事土壤微生物研究、城市景观与生态设计、城市公园与森林公园规划设计的科学技术人员、管理人员参考，也可供高等学校生态工程、环境科学与工程、生物科学及相关专业师生参阅。

图书在版编目（CIP）数据

城市森林土壤微生物群落分布及影响机制：以蜀山森林公园为例 / 王敉敉著. -- 北京：化学工业出版社，2024.8. -- ISBN 978-7-122-46448-4

Ⅰ. S714.3

中国国家版本馆CIP数据核字第20249RZ304号

责任编辑：刘　婧　刘兴春
责任校对：宋　玮　　　　　　装帧设计：韩　飞

出版发行：化学工业出版社
　　　　　（北京市东城区青年湖南街13号　邮政编码100011）
印　　装：北京天宇星印刷厂
710mm×1000mm　1/16　印张12　彩插4　字数188千字
2025年3月北京第1版第1次印刷

购书咨询：010-64518888
售后服务：010-64518899
网　　址：http://www.cip.com.cn
凡购买本书，如有缺损质量问题，本社销售中心负责调换。

定　　价：98.00元

城市森林是城市生态系统的重要组成部分，不仅能够改善城市环境，还能提升城市宜居品质，因此城市森林在景观生态学和城市规划领域越来越受到关注。由于位于具有景观多样性与异质性的城市环境中，城市森林生态系统极为脆弱，常常承受城市环境压力和不同程度的人为干扰。而大规模的植树造林通常是缓解这些负面影响的有效措施，可以减缓气候变化，并实现生态修复。土壤微生物作为陆地生态系统中主要的分解者，通过分解有机物，把土壤中的有机碳变成无机的二氧化碳，在调节碳和养分循环中发挥着至关重要的作用。土壤微生物固定土壤中营养物质，充当临时的"汇"，同时释放养分作为"源"，影响生态系统的物质循环和能量流动，进而影响植物的健康和养分吸收，以及森林生态系统中的土壤结构和肥力。

在合肥生活了20余年的经历赋予了笔者对这座城市的深厚情感和独特理解。合肥作为中国科技创新中心城市之一，城市发展迅猛，但也面临着城市化进程对生态环境的挑战。在这样的背景下，城市森林的重要性不言而喻，因为它不仅是城市的绿肺，也是维持城市生态平衡的重要组成部分。蜀山森林公园是合肥近郊唯一的城市森林公园，为市民提供了一个重要的休闲娱乐场所和放松身心的好去处，并且在提升城市景观面貌、改善城市生态系统结构、营造适宜的人居环境方面有着举足轻重的地位。目前，蜀山森林公园的植被主要由20世纪60年代种植的3种人工林组成，包括马尾松（*Pinus massoniana Lamb.*）、麻栎（*Quercus acutissima Carruth.*）和枫香（*Liquidambar formosana Hance*），另外还有天然的落叶阔叶次生林。

本书聚焦蜀山森林公园这一典型的城市森林，深入探究了在人为频繁干扰的环境下，城市森林公园不同林分土壤微生物群落组成与影响机制。旨在系统地探究不同林分类型下土壤微生物群落的组成与影响机制，尤其是人工林与天然次生林土壤理化性质和微生物群落结构的差异，相关内容可加深对城市森林生态系统中土壤微生物群落的理解，还可为城市森林的管理和生态保护提供具体的科学建议和决策支持，为创造更宜居、宜人的城市环境奠定更为坚实的基础。

2024年浙江省教育厅一般科研项目（Y202455023）和新引进高层次人才科研启动费（SC1032410380140）对本书的撰写和出版给予了经费支持，在此表示衷心的感谢！

限于笔者水平及撰写时间，书中不妥及疏漏之处在所难免，敬请读者批评指正。感谢您与我一同关注城市生态环境，共同探索城市森林的奥秘与价值。

王籹籹

2024年7月

目 录

第 1 章

▲ ▲ ▲ ▲ ▲ ▲

概　述

　　城市森林位于高度异质和变化的城市景观中，常常面临各种程度的城市环境压力和人为干扰。为了应对城市化带来的生态系统退化，城市森林的建设成为改善城市生态环境的重要手段。蜀山森林公园作为合肥市内唯一的一座城市森林公园，不仅为市民提供了休闲娱乐的场所，同时也承载着维护城市生态系统平衡的重要功能。森林土壤微生物作为森林生态系统中重要的组成部分，对于森林土壤的生物、化学和物理过程、生态系统功能以及生物多样性的维持与发展起着至关重要的作用。因此，研究城市森林土壤微生物群落的特征及其影响机制，可为城市生态系统的可持续发展提供科学依据和理论指导。

1.1　森林土壤理化性质

　　城市森林公园作为城市绿地中重要的一部分，在提升城市景观面貌、改善城市生态系统结构、营造适宜的人居环境方面有着举足轻重的地位。城市森林公园系统是城市陆地生态系统的主体，公园中参天郁闭的大树、自然更迭而形成的复合群落结构、林下肥沃的土壤以及可提升土壤肥力的各类微生物，构成了城市生态环境中的重要自然资源。森林土壤是陆地上植被赖以生存的基础，因为植被生长发育所需要的绝大部分营养物质都来源于土壤，其为物质交换和能量循环提供了场所，理化性质更是直接影响地上的植被和地下的微生物，所以土壤在整个森林生长发育中都发挥着极其关键的作用。

　　林分结构是指林分在未受到破坏的状况下，林分内部存在一些相对稳定的结构规律。不同林分的土壤理化性质，不仅是反映各种林分土壤肥力水平的一个重要方面[1]，也是评价林地水源涵养及水土保持功能必不可少的指标之一。土壤是植物群落生长和发育的根本基础，而植物群落在一定程度上又影响着土壤的性质和肥力状况，在植被和土壤之间，能量流动、物质循环活跃地进行着，两者相互作用维持地球上的森林生态系统平衡[2]。因此，植物-土壤系统作为生物圈的基本结构单元，它们之间的相互作用一直是陆地生态系统研究的热点之一。森林土壤作为陆地生态系统中的重要组成部分，为植物提供大部分所需养分和水分；森林土壤还能调节温度，缓冲高温对植物造成的危害，保证植物正常生长。此外，土壤还能吸附、固定、代谢和降解外来的有毒物质，为植物的生长提供一个相对稳定的条件。再者，森林土壤作为林木生产的基础，也是林业最基本的生产力，森林土壤生产力的高低决定着植物和土壤生长环境的好坏。所以，森林土壤通常被看成是一个巨大的能量反应容器，它养育着利用光合作用生长的植物。研究不同森林群落土壤理化性质的差异，有助于了解森林与土壤之间的关系，以及森林更新、恢复与重建等问题，对林业生态修复和可持续发展具有重要意义[3]。

各类土壤理化因子相互制约，相互影响，决定了土壤的质量和适宜的植物生长环境。研究发现，土壤母质、生物和气候等因素的共同作用会影响土壤酸碱度，而土壤酸碱度的差异不仅会造成供肥和植物生长发育状况的差异，还会直接影响到土壤养分的有效性[4]。蒋文伟等[5]对安吉山地区的主要森林类型的土壤养分状况的研究发现各森林类型对土壤理化性质的影响不尽相同，阔叶林土壤养分全量、有机质含量相对最高，而马尾松土壤养分全量最低。在研究不同土地利用方式对土壤化学性质的影响时，陈超等[6]发现林地的有机质含量高于其他土地利用方式，其中农田生态系统有机质含量最低。土壤理化性质的动态变化除受地上林木结构和地下微生物种类、活性这两方面因素影响以外，还受到人为因素的干扰，季节、温度、湿度等环境因素也是影响土壤理化因子的重要因素。Gelsomino等[7]研究发现，人类活动会引起土壤化学和生物特性变化，而Onwuka等[8]则证实，土壤温度随季节变化而变化，制约着土壤的理化性质和生物特性。

土壤肥力是指土壤支持植物生长的能力，是土壤的基本属性和特征，为植物生长提供所需养分，土壤肥力的高低和优劣取决于土壤的各类物理和化学特征[9]。研究土壤理化性质的目的就是为了提升土壤肥力，为地上植被和地下微生物提供良好适宜的生存环境。人类对土壤的接触和认识可以追溯到农耕时期，随着现代科学技术的迅速发展，尤其是先进生物技术的介入，人们可以有目的、计划性地改良和提升土壤的肥力[10]。通常，土壤肥力的理化指标包含土壤含水率、容重、土壤孔隙度、pH值、有机碳、全氮、硝态氮、铵态氮、钾、钙、镁等。在不同的地区和应用场景中，一些理化指标已被广泛地应用于评估土壤肥力的质量和状况。在林业生产中，土壤有机碳、全氮、磷和钾等营养元素的含量是决定植物生长和产量的关键因素。在城市规划和环境保护中，土壤重金属和有机污染物的含量则是评估土壤污染和风险的主要标志。因此，针对特定的应用场景和目标，选择合适的土壤理化指标进行研究和评估，可以更好地了解土壤肥力的状况和特征。同时，为了提高土壤肥力和保护土壤资源，需要进一步深入研究土壤的物理、化学和生物特性，积极探索新的评估方法和指标体系，为土壤肥力的管理和保护提供科学依据。

1.1.1　土壤物理性质

土壤的物理性状是土壤肥力的重要指标之一，它受自然因素（如成土母质）的影响，并制约着土壤水、肥、气、热的状况[11]。由于群落树种组成、林分密度和结构、物种多样性、枯枝落叶层的发育以及林内小气候等因素不同，不同森林群落土壤的理化性质有较大差异。研究发现，随着林木的生长，土壤容重、含水量、孔隙度等发生明显的变化，在表层土壤表现最为显著[12-14]。地面植被是森林生态系统的重要组成成分，它在促进生态系统养分循环、保护和恢复林地肥力、维护生态系统多样性和稳定性等方面具有巨大作用[15-19]。王丹[20]对杉木（*Cunninghamia lanceolata*）林不同生育阶段林地土壤物理性质的研究结果表明，林木生长对土壤含水量、容重、土壤孔隙度等均有显著影响，这种影响在表层土壤中表现最为强烈。

（1）土壤含水量

土壤含水量，是土壤孔隙度和土壤持水能力的综合体现，能够较好地反映土壤水分和林内湿润状况。森林土壤作为森林发挥水文调节作用的主要场所，其具备的水源涵养功能是生态系统的重要功能之一，不同林分由于其树种生物学特性与林分结构的不同，其水源涵养效应也存在一定的差异[21]。孙海红等[22]用烘干法对章古台地区的樟子松（*Pinus sylvestris*）人工林的土壤水分进行研究，发现不同林龄林地的土壤含水率差异显著，土壤含水率在0～20年生林分中较高，至 27 年生林分的土壤含水率最低，27 年生以后有所回升。何斌等[23]对立地条件、林龄相似且均为成熟林的八角林（*Illicium verum*）、马尾松（*Pinus massoniana*）和灰木莲（*Manglietia glanca*）这 3 种林分的土壤水分物理特性进行研究，通过比较表层和下层土壤的自然含水量、最大持水量、田间持水量、毛管孔隙度和非毛管孔隙度等指标，发现八角林能够改良土壤结构和水分性能，有利于林地地力的维持和林业的持续发展。杨晓娟等[24]在对东北过伐林区不同林分类型土壤肥力质量进行评价研究时，发现林分类型对土壤理化性质影响显著，随土壤深度增加，土壤含水量、物理性黏粒含量和养分质量分数减少，但其在不同林分下的变化程度不同。李文影等[25]对小兴安岭地区 4 个林龄白桦（*Betula platyphylla*）次生林的土壤特性、土壤贮水性能、凋落物持水量进行研究，发现凋落物蓄积量与最大持水量有显著正相关关系，土壤水源涵养功能随林龄的变化显著，其中 70 年＞56 年＞25 年＞38 年。单梦颖等[26]对云南省中部 3 种森林土壤含水率进行研究发现：3 种森林 100cm 深土壤的平均含水率差异极显著，随着土壤深度增加，土壤含水率增加。Yang 等[27]通过对黄土高原天然植被和人工植被之间不同土壤水分模式进行研究，发现人工植被在草原和森林草原区域消耗的土壤水分比自然植被更多，而在森林区域并未过度消耗土壤水分。

（2）土壤电导率

土壤电导率，是指土壤传导（传输）或衰减电流的能力，主要受土壤中的水分、盐分和有机质等组分影响[28]。Zhang 等[29]研究显示土壤电导率与土壤矿物氮浓度相关。Mavi 等[30]在评估盐碱度对土壤的呼吸作用和可溶性有机物的影响时，发现盐度对土壤有机物动态的影响与电导率有一定的关联。土壤电导率也是评估土壤盐碱度的重要指标。Peng 等[31]在对中国新疆南部土壤盐渍度进行估算时，发现与偏最小平方回归模型相比，Cubist 模型在多变的环境下能更好地预测土壤电导率值的准确性和稳定性。再者，土壤电导率也与土壤养分有关。土壤类型会影响土壤的蓄水能力，蓄水能力较好的土壤通常具有较低的电导率。Heiniger 等[32]在利用土壤电导率改善土壤养分的研究过程中，发现土壤盐碱度、土壤质地、土壤湿度掩盖了土壤电导率对土壤营养水平变化的响应。而张一清等[33]则发现，土壤电导率能够间接反映土壤养分或盐分含量，通过监测土壤电导率可以掌握土壤养分或盐分运移和利用情况。

1.1.2　土壤化学性质

土壤化学性质，包含各种有机组分和无机组分，对土壤肥力、植物生长和环境质量等方面均具有重要影响，主要表现在养分吸收和循环等方面。土壤中的养分为植物生长发育提供所必需的营养元素，不同的植被类型所需要的土壤养分种类和含量也是不尽相同的。土壤养分特征是一个十分复杂的土壤生物化学过程，已有研究发现土壤养分等因素的差异会影响植物的萌发、生根，对植被分布起着主导作用[34-37]。因此，了解土壤养分特征，对于合理调控植被分布、提高植物生产力、维护生态平衡具有重要意义。

（1）土壤有机质

土壤有机质（soil organic matter，SOM）是表征土壤肥力质量的综合性指标之一，对土壤各方面均产生较为强烈的影响[38]，其积累是一个非常漫长的过程，涉及土壤微生物、土壤化学反应过程、土壤动物的物理运动以及植被凋落物和土壤溶液等共同作用。因此，土壤有机质的研究可以为土壤肥力的评价、林木的更新生长、林木的生产提供科学依据。

（2）土壤 pH 值

土壤 pH 值作为土壤理化性质中一个极为重要的化学指标，直接影响土壤有机质的分解、营养元素的有效性、微生物的活动以及土壤中各种元素的存在形态和迁移转化[39]。同时，土壤 pH 值也是影响土壤微生物的一个重要因素[40-42]，对微生物的丰度有显著影响，通常酸性土壤中真菌丰度较大，而中性或碱性土壤中则是细菌如放线菌丰度较大。此外，Rousk 等[43]发现土壤 pH 值是预测细菌群落组成的最佳指标，Shen 等[44]也有类似发现，证实土壤 pH 值是影响长白山细菌群落沿海拔的空间分布的主要驱动因子。

（3）氮素

氮素，作为森林植物生长所需最重要的营养元素之一，在我国的研究始于 20 世纪 30 年代，经过几十年的努力，已经涉及几乎所有主要领域。森林土壤中的氮素主要来自各种动植物残体，微生物分解、合成及枯枝落叶分解所产生的有机物质[45]。而土壤里 98% 以上的氮以有机形态的氮存在，有机氮大部分必须经过土壤微生物的转化作用才能变成无机态的氮，然后被植物吸收利用。土壤氮素的消长，主要取决于生物积累和分解作用的相对强弱，以及气候、植被、耕作制度等因素，特别是水热条件[46]。此外，嘎玛旦巴[47]研究发现，有机质与全氮之间呈极限显著正相关，其显著水平大于99%。有效氮是指示生态系统氮循环的重要指标，调节着地上和地下群落结构的生产力[48]，生态系统氮素的有效性与土壤氮矿化过程、氮的固定、植物养分吸收特征、土壤微生物活动等因素有关[49]。肖好燕等[50]以亚热带地区天然林、格氏栲（*Castanopsis kawakamii*）人工林和杉木人工林为对象，分析林分类型和季节动态对土壤矿质氮库和净氮矿化速率的影响，得出硝态氮是该地区土壤矿质氮库的主要存在形式，天然林和杉木人工林土壤硝态氮含量分别占总土壤矿质氮库的55.1%～87.5%和56.1%～79.1%，林分间土壤铵态氮含量差异不显著，硝态氮含量差异显著，其中格氏栲人工林土壤硝态氮含量显著低于天然林和杉木人工林，而且林分类型和季节动态对土壤矿质氮库及氮矿化速率均有显著影响。郭亚兵等[51]通过研究氮磷添加对热带森林土壤氮转化及损失影响，发现土壤氮转化过程调控着土壤可利用氮的含量，决定了土壤氮素的存留状况。

（4）磷

除氮素以外，磷和钾也是植物生长、发育所必需的元素[52]，其中土壤磷包括速效磷和迟效磷，全磷含量过高和过低时都会影响植物生长[53]，如全磷含量低于0.8～1.0g/kg时，土壤就会出现供磷不足现象[54]。不同形态磷的生物有效性也不同，对于土壤肥力有一定的影响[55]。耿玉清等[56]对北京八达岭地区油松（*Pinus tabulaeformis*）林和灌丛林土壤肥力特征进行研究时，发现油松林土壤有机质、全氮、碱解氮、有效磷指标分别比灌丛林土壤低31.86%、34.38%、22.8%和24.56%，其差异均达到显著水平；油松林能形成较厚的凋落物层，灌丛植被有利于土壤有机质和养分的积累。陈立新[57]对落叶松人工林土壤进行研究时，发现人工林的全磷含量全部低于次生林的全磷含量。

（5）钾

土壤钾元素，不同地域差异很大，地面植被是影响土壤钾含量的重要因素之一。耿玉清等[58]研究发现，华北落叶松林和油松纯林的土壤速效钾均低于相应的阔叶林和针阔混交林，并且针阔混交林地有利于土壤速效钾含量的提高。魏媛等[59]也发现，在黔中喀斯特森林退化过程中，喀斯特森林土壤有机质、碱解氮以及有效磷含量随着原生林—次生林—灌木林—灌草丛方向的演替呈现明显的下降趋势。吴洁[60]通过研究北京西山林场4种林分表层土壤的速效钾，发现含量从大到小依次为：元宝枫（*Acer truncatum*）林＞黄栌（*Cotinus coggygria*）林＞油松林＞侧柏（*Platycladus orientalis*）林，并且土壤全钾、速效钾含量会随着森林植被的演替变化而逐渐升高。杨万勤等[61]对缙云山森林生态系统内的4个演替阶段的森林土壤速效钾含量进行研究，发现除了灌草丛的速效钾外，在不同群落的土壤剖面上速效钾均具有明显的层次性，即腐殖质层＞沉积层＞母质层。速效钾含量随群落演替方向升高，即灌草丛＜针叶林＜针阔混交林＜常绿阔叶林。Cornut等[62]还发现，钾对植物的多种生理功能是必不可少的，也是许多森林生态系统中木材生产力的限制性元素。Tripler等[63]也证实，钾在维持森林初级生产的营养方面起着关键作用。

（6）植被类型

植被类型对土壤化学性质的影响是多方面的。游秀花等[64]通过研究武夷山风景区不同森林类型的化学性质，发现就同一森林类型而言，不同层次的土壤养分也存在着明显的差异，土壤养分指标基本上呈现随土壤深度增加而减少的趋势。乔玉等[65]通过研究辽宁清原3种森林类型（红松林、落叶松林、次生林）土壤的化学性质，发现土壤pH值和土壤养分因植被类型不同而呈现不同的变化趋势。而吕春花等[66]在对黄土高原腹地子午岭地区植被演替过程中土壤养分的研究中，证实土壤养分具有明显表聚作用，表土层（0～20cm）土壤养分含量高于下层土壤（20～40cm）。土壤有机质含量与全氮、速效磷含量等密切相关，而且土壤有机质含量和全氮含量随着植被的逐步恢复而明显增加。目前国外也有不少报道关于森林植被和土壤养分关联性的研究[67-71]，有分析人工林和天然林土壤特性差异的；也有模拟草原生态系统，分析植物物种多样性和土壤氮素可利用性的相互关系；还有短周期人工林对原耕地土壤营养状况的影响。Watanabe等[72]对3～32年生柚木人工林的研究发现：立地因素和pH值对柚木生长没有显著影响，而土壤体积含水量、最大持水量、总碳、氮、可交换性钙、交换性镁离子及阳离子交换量和柚木生长表现出显著性。Lukina等[73]通过对俄罗斯西北部森林地点/类型与土壤有机层肥力之间关系的研究，发现针叶林有机层肥力的差异是气候条件、土地利用历史以及森林地点类型/类型的不同而导致的。

（7）其他因素

除植被因素，季节、海拔和土层的不同，均会影响土壤养分含量。刘为华等[74]通过研究上海市主要城区内森林绿地土壤的化学性质，包括6个群落类型（常绿阔叶林地、落叶阔叶林地、常绿针叶林地、落叶针叶林地、常绿灌木林地和落叶灌木林地）、3个土壤深度（0～10cm、10～20cm和20～30cm），发现土壤有机质含量属于偏低等水平，全氮、全磷含量属于中等偏下水平，表层土壤有机质含量和全氮含量较高，并且随土壤深度增加呈现降低趋势，而全磷含量则未呈现出递减趋势。而吕明亮等[75]对衢州市柯城区不同森林类型的生态公益林林区土壤理化性质进行研究时，发现生态公益林土壤的磷极度缺乏，钾较低，氮属于中等水平，pH值相对较低（4.5～5.5）；阔叶林和竹林的土壤有机质含量相对较高，且阔叶林土壤的全氮、全磷、全钾、速效磷、速效钾含量均较高，其土壤肥力优于其他森林植被类型。类似的国内相关研究较多，如徐康[76]通过对鹞落坪国家级自然保护区不同海拔、不同植被、不同土层的土壤理化性质研究，发现在土壤垂直剖面上，不同海拔及不同植被类型下大部分土壤理化性质均表现出枯枝落叶层＞腐殖质层＞淀积层，土壤碳素含量以阔叶林最高，灌、阔混交林其次，其他植被类型较低，灌木林最低。刘永贤等[77]通过对广西山地黄壤、棕色石灰性土、赤红壤3种类型土壤上不同林分林下0～30cm土层土壤肥力因子进行综合分析，得出山地黄壤上松林（$Pinus$）和成年桦林（$Betula$）的土壤有机质含量分别是天然林的2.55倍和3.16倍，而新植桦林土壤速效养分明显高于天然林；石灰性土任豆林（$Zenia\ insignis$）的有机质、全氮、全磷、速效磷、速效钾含量均较高；枇杷林（$Eriobotrya\ japonica$）的pH值明显比另外3种林分低，而有机质、全氮、全钾、速效钾均略高于天然林。邵英男等[78]在研究不同林分密度长白落叶松人工林土壤养分特征时，发现同一林分密度条件下，土壤养分含量（有机质、全氮、全磷、碳/氮）均呈现随土层深度增加而逐渐降低的趋势，有明显的"表聚"现象；不同林分密度下，土壤养分含量的变化规律也不太一样；土壤养分含量与凋落量、现存量和林分密度关系密切，如林分密度为750~900株/hm^{2}时，土壤多种养分含量显著高于其他林分，有利于维持该区林地系统土壤养分，以获得更好的经济效益和生态效益。

1.2　森林土壤微生物及其影响因素

　　森林是陆地生态系统最主要的植被类型，森林生态系统储有1146Pg碳，约占全球植被碳库的86%、全球土壤碳库的73%，森林的状况在很大程度上决定着陆地生物圈是碳源还是碳汇[79]。土壤是土壤微生物的资源库和基因库[80]，土壤微生物是森林生态系统的重要组成部分，是原核微生物（细菌、蓝细菌、放线菌等）和真核生物（真菌、藻类、地衣等）的总称[81]。土壤微生物分布范围广泛且数量庞大，据估计，以微米或毫微米计算，每克土壤中就含有10^6~10^{9}个微生物，全球土壤中约有4×10^{30}个微生物[82-84]。土壤微生物种类繁多，模型预测每克土壤中大概含有10^{4}个细菌种类[85]。微生物在土壤中，既可以固定一定的养分成为暂时的"库"，又可以把养分释放出来成为养分的"源"，进而影响到生态系统的物质循环和能量流动，从而进一步影响森林生态系统中植物的营养和健康状况、土壤的结构特征及肥力等[86]。研究地面植被与土壤中微生物群落的相互关系，将有助于提高全球生态系统对于气候变化响应的预测能力和大尺度生态恢复工程的管理能力[87]。当然，土壤碳库受到多种环境因子的影响，如气候条件、植被类型、土壤微生物群落与土壤管理措施等。其中土壤微生物作为土壤中个体微小的生物体[88,89]，是土壤中最具活力的组分，在土壤物质转化和能量流动中是主要参与者[90,91]，在提升土壤肥力、改善生态环境中发挥着极其重要的作用[92,93]，所以从功能角度，研究与生态系统循环和土壤肥力密切相关的土壤微生物，了解其数量、动态及影响因子，可以促进植物子系统与土壤子系统相契合，有效减缓或阻止土壤退化，营造兼具最佳生态效益、经济效益、社会效益的林分，避免生态风险和防止地力衰退，特别对恢复和治理退化的生态系统，提高生态系统的生物学功能具有十分重要的实践意义。

　　早在19世纪中叶，就已经有了对土壤微生物的相关研究，主要集中于研究农业生产中土壤微生物与土壤肥力、植物营养、植物病害之间的关系及微生物的固氮作用等方面，反映土壤微生物群落状态与功能的指标通常包括微生物生物量、细菌和真菌的数量和代谢的多样性[94]。我国土壤微生物的研究相对较晚，大约起步于 20 世纪 60 年代，当时技术还比较落后，主要用单菌培养法研究微生物，微生物与环境因子的关系研究也不多。后期，随着计算和成像技术的进步，现代生物学技术和数据分析的不断发展，运用分子技术对土壤微生物宏基因组进行分析已经成为可能，并可以提取出微生物的 DNA 序列[95]。到 2011 年，"地球微生物计划"（Earth Microbiome Project）启动，旨在通过对全球典型的环境样本进行宏基因组测序，包括土壤、海洋、空气、淡水等生态系统，从而全方位地分析微生物群落的多样性及其功能[96]。2016 年，美国白宫科学与技术政策办公室（OSTP）与联邦机构、私营基金管理机构提出一项"国家微生物组计划"（National Microbiome Initiative，NMI），拟通过该计划促进不同环境的微生物组研究。此后几年中，除联邦机构外，美国数十所大学与研究机构也加入 NMI，旨在推进对微生物世界的认知[97]。运用现代技术和手段研究土壤微生物的特性，可以很好地了解土壤物质循环机制。相关研究结果表明，植被类型、物质循环、林分管理措施、气候环境、地理环境等因素都会对微生物功能群产生影响。土壤微生物与环境因子的关系，以及不同林分土壤微生物的特征及分布特点已成为分子生态学研究领域的热点问题。

微生物在土壤的形成与发育、生态系统平衡、土壤环境净化与生物修复等方面均起着重要的作用，其多样性水平是维持土壤生产力的重要因素，所以微生物多样性（功能多样性、结构多样性及遗传多样性）的研究具有重要的生态学意义[98]。土壤微生物对周围环境生物因子或非生物因子的变化非常敏感，通常被用来指示土壤的健康状况。其中，土壤微生物生物量是土壤养分活的储存库，是土壤物质代谢的指标，与土壤养分和健康状况有着极为密切的关系[99]。其含量越高，微生物群落的活跃程度越高，因此可以在一定程度上反映生态系统的物质循环能力[100]。在相同的立地条件下，不同植被类型会引起土壤微生物生物量较大的差异，从而改变生态系统物质循环功能[101]。除植被类型以外，土壤理化性质、有机质含量、植物残体及枯落物、地下根系效应等都会影响到土壤微生物的活性、种群数量和群落结构[102-104]，通常土壤微生物群落结构的变化被视为反映土壤环境、养分变化重要的敏感指标[105]。

1.2.1　季节

季节变化是影响森林生态系统土壤微生物群落的重要因素。近年来，已有研究证实了季节因素对森林土壤微生物群落的影响，并在研究其潜在机制方面取得了重要进展[106]。冬季低温导致土壤微生物活性降低，腐殖质降解速度极其缓慢；入春后，土壤温度升高，微生物活性逐步提高[107]。夏季高温，由于水分蒸发过快，会导致土壤微生物活性受到抑制[108]。Collignon 等[109] 发现土壤微生物群落的生长繁殖在春季和秋季会出现两个高峰期，是土壤温度和湿度共同作用的结果。已有研究表明土壤细菌群落随季节变化产生波动，在枯枝落叶层细菌群落较为活跃，其中酸杆菌门细菌在夏季和冬季富集，这主要是由于凋落物及其降解相关的细菌群落的专一性。相反，在矿质土壤层，夏季细菌群落与其他季节存在显著差异，因为根系分泌物是相关细菌群落的主要驱动因子[110]。而 Griffiths 等[111] 在研究半自然草地土壤细菌时，发现 5～10cm、10～15cm 土层的细菌群落的季节变化显著，Kennedy 等[112] 则发现季节变化会导致高地草原细菌群落结构的轻微波动。王璐璐等[113] 研究土壤微生物群落结构的季节变化特征时，发现季节变化对一般性细菌、G+ 菌、G- 菌、真菌、放线菌和总磷脂脂肪酸（phosphohpids fatty acids，PLFAs）有显著影响（$P < 0.05$），其中细菌春季最高、冬季最低，真菌相反，微生物香农（Shannon）指数和 McIntosh 指数在春季最高，Simpson 指数则在冬季最高。Shen 等[114] 在研究土壤微生物多样性和功能的季节性动态变化时，发现季节均会对微生物 α 多样性、β 多样性和功能有影响，并且海拔 α 多样性随季节的变化而变化。谭雪莲等[115] 在研究城市森林土壤微生物群落结构的季节变化时，证实土壤微生物群落结构和多样性有显著的季节变化，湿季土壤微生物总数量显著低于干季，湿季土壤微生物 Chao1 指数和 Shannon 指数显著高于干季，湿季细菌和真菌的多样性和菌群结构更为丰富，其中细菌主要通过数量改变适应季节的变化，真菌主要通过数量及物种组成的改变适应季节变化。

1.2.2　土壤理化性质

除了季节因素，土壤理化性质也会对微生物群落结构产生重要影响。

Merilä等[116]对不同条件下微生物群落结构与植被组成关系进行研究时发现，土壤有机质含量对土壤微生物群落结构具有显著影响，且土壤有机质含量与土壤微生物多样性正相关。Xia等[117]在研究土壤微生物多样性和组成与土壤质地和相关特性时，分析了72个具有不同土壤理化性质的土壤样本，发现土壤质地是构建土壤微生物群落仅次于pH值的第二驱动因素。土壤微生物通过同化作用和分解作用参与碳、氮、磷、硫等营养元素的生物地球化学循环[118]。不同的微生物功能菌群在物质循环和能量流动的不同阶段可以分工合作，促使生态系统快速有序循环，保证生态系统的正常演替。例如刘丽等[119]对不同发育阶段杉木人工林对土壤微生物群落结构的研究，发现杉木林通过改变土壤的化学性质，从而对土壤微生物群落结构产生作用，固氮类微生物可以把N_2转变为NH_4^+以供植物吸收利用，氨化类微生物可以把有机态氮分解并释放出NH_4^+，硝化类微生物可以把NH_4^+硝化成NO_3^-，NO_3^-再被反硝化类微生物反硝化最后转变成N_2，完成整个氮素循环。所以，微生物功能菌群的数量和结构是否合理十分关键，如果不合理会影响整个生态系统的正常运转和功能发挥，最终将导致植被覆盖度降低、生物多样性降低、土壤退化和生态系统生物学功能下降或丧失[120-122]。

土壤微生物数量与土壤理化性质之间存在着密切的关系。胡海波等[123]通过研究亚热带基岩海岸不同类型防护林土壤微生物的分布特点，发现土壤微生物数量与土壤理化性质密切相关，其结构和功能会随着环境条件改变而发生变化。并且土壤微生物多样性的变化可以反映土壤环境质量的变化，是评价自然或人为因素干扰引起土壤肥力变化的重要指标。于洋等[124]通过研究河北省木兰围场华北落叶松林样地土壤理化性质、土壤微生物数量特征以及两者相关性，发现土壤微生物数量具有明显的垂直分布规律特征，数量在土壤深度0～20cm达顶峰，并且随着土壤深度的增加，土壤微生物的数量迅速减少。杨璐等[125]通过对崇明东滩入侵植物互花米草及本地物种芦苇、海三棱藨草根际的土壤微生物和土壤理化性质进行分析，得出土壤微生物的数量与有机质含量、速效磷和速效钾含量存在着某种程度的正相关性。方辉等[126]通过调查研究平朔安太堡露天矿区复垦地土壤微生物与土壤性质关系的研究时，发现土壤微生物量与速效磷、有机质、有效性氮含量有明显的相关性。

细菌和真菌作为土壤微生物中数量较多的两个类群，均会受到土壤理化性质影响。已有很多研究证实，土壤pH值是影响细菌群落结构的主要因子之一，同时有机物（碳/氮/磷）和无机物（养分和有毒阳离子）也会对细菌群落结构产生影响[127,128]。例如，Li等[129]发现细菌群落对土壤理化性质（pH值、土壤有机质、总氮和总磷）有高度的反应，尤其是多样性和群落组成。Rousk等[43]研究发现不同森林植被类型土壤细菌和真菌群落结构组成与土壤pH值显著相关。Sui等[130]研究中国东北地区退化湿地土壤微生物群落时，发现土壤细菌和真菌的Shannon指数随着演替阶段的变化而明显变化（均为$P < 0.05$）。早期演替阶段（即湿地）的土壤细菌和真菌群落结构由土壤含水量、总氮和可用氮浓度决定，而后期演替阶段（即森林）的土壤细菌和真菌群落结构由土壤有机碳、pH值和有效磷浓度决定。

真菌主要分布在森林土壤表层，是分解有机质的主力。森林土壤真菌群落复杂多样，在空间和时间尺度上有不同的分布，参与关键的生态系统过程，如植物群落的动态、地下营养相互作用和生物地球化学循环[131]。通过对土壤环境相关的不同真菌群落分析研究，发现外生菌根真菌群落受彼此竞争或生态过程的显著影响[132]。Toljander等[133]研究表明，北方针叶林外生菌根真菌的群落结构与土壤属性高度相关，特别是铵离子。针对欧洲山毛榉森林的研究结果显示，土壤真菌组成和土壤pH值密切相关[134,135]。此外，温带森林土壤剖面真菌群落的构建过程呈现垂直分布，这归因于碳氮比（C/N值）和磷含量与主要真菌基因型的关联[136]。Ping等[137]对长白山土壤真菌群落结构的垂直分布进行了研究，发现土壤真菌多样性指数随着海拔的升高而下降，到1044m之后开始上升；丰富度和均匀度指数随着海拔的升高而下降；不同海拔土壤真菌组成在门、类和属的层次上有明显的差异，但优势真菌相同。Deng等[138]通过研究白石砬子自然保护区不同植被类型下的土壤理化特征和真菌群落，发现土壤pH值、总碳、总氮、铵态氮和可用磷对真菌群落结构影响很大。

1.2.3　土层深度

不同的土壤生态系统主导因子各不相同，一般是随着土壤深度的增加，微生物的数量逐渐减少。邵玉琴等[139]研究发现皇甫川流域人工油松林地土壤微生物的数量具有明显的垂直分布特性。而丁玲玲等[140]在研究东祁连山不同高寒草地土壤微生物的数量分布特征时，发现土壤微生物数量在表层（0～10cm）居多。张社奇等[141]通过研究黄土高原刺槐林地土壤微生物的分布特征，发现细菌、真菌和放线菌的数量随土壤深度的变化极为明显。孔涛等[142]在分析不同林龄樟子松人工林土壤微生物量特征时，得出随着土层深度增加，土壤微生物量碳、氮呈现表聚性，土壤微生物碳、氮熵呈现先增后减变化规律，深层微生物量碳/微生物量氮大于表层土壤。Du 等[143]在研究多个土壤深度下细菌群落的空间分布特征时，发现微生物多样性随深度增加而减少或变得更加分化，同时，微生物沿土壤剖面具有高度规律性的多样性空间尺度变化模式，群落在上层土壤中具有较高的稳定性，而在深层土壤中则相反。

1.2.4　植被类型

地上植物与地下微生物具有非常紧密的联系，地上部分通过改变自然环境、植物凋落物数量和产量、根系分泌物组成来影响土壤微生物的群落结构[144]。郭银宝等[145]研究了黄土高原丘陵区植被恢复的不同演替阶段细菌群落学特征，发现细菌群落组成随着植被演替发生着一系列变化，且与土壤养分状况相关。张崇邦等[146]在研究浙江天台山不同林型土壤环境的微生物区系和细菌生理群的多样性时，发现不同植被类型下的土壤微生物群落结构不尽相同，微生物数量也存在着显著的差异，植被密度不同，微生物数量也有差异。Behera 等[147]比较研究了桉树人工林、天然林和重建林的土壤微生物特征，结果显示桉树人工林土壤有机碳、总氮、微生物生物量和真菌生物量最低。Urbanová 等[148]通过对 7 种树种森林枯落物和土壤中真菌和细菌群落的研究，发现赤杨属（*Alnus*）和松属（*Pinus*）土壤细菌群落具有显著差异，主要原因是不同树种凋落物的化学物质差异很大，对细菌群落特征影响也很大。黄龙等[149]在研究植被对土壤微生物群落的影响时，发现植物多样性越丰富，凋落物和根系分泌物的差异越大，土壤微生物群落多样性越高，通常自然植被群落土壤质量优于人工植被群落，有较高的微生物多样性和微生物量。

目前，国内外有关微生物群落与地面植被的地理分布格局的相关研究已有不少报道，已证明在多尺度空间条件下微生物具有明显的生物地理分布特征，彻底否定了微生物没有生物地理分布的假设[150,151]。尤其是在当今大数据时代，土壤微生物地理分布格局的探索经历了"从否定到肯定"的过程。21世纪后，尤其是分子生物学技术的进步，人们发现土壤微生物也具有地方性特点并呈现出地理分布格局[152,153]。土壤微生物和大型生物（特别是植物）密切相关，可以合理推测微生物与大型生物的生物地理存在一定关联[154,155]。相关研究进展包括以下3个方面。

① 从生物的分布格局来看：土壤古菌和真菌的多样性与许多大型生物表现出一致的趋势，且真菌的全球分布格局还符合动植物的Rapoport法则[156]。这可能是由于土壤真菌与植物之间具有更密切的联系（如共生关系），导致其地理分布受到植物分布的制约。

② 从生物的生态模式来看：常被用于大型生物生态学研究的"种-面积关系"和"共现模式"，其实也适用于微生物[157,158]。

③ 从造成生物分布格局的原因来看：研究发现，一些驱动微生物多样性模式的因素可能与解释大型生物多样性模式的一些基本过程类似[159,160]。

由此可见，土壤微生物与大型生物在生物地理分布上有一些共同点。但是，土壤微生物与大型生物的生物地理格局并不完全一致，需要发展出更具包容性的生物地理学概念和理论来解释这些差异。为了完成这个目标，不仅需要考察土壤微生物的分布和多样性，更重要的是将微生物信息与环境信息联系起来，从而探索产生土壤微生物地理分布格局的内在机制。

1.2.5　植物残体、枯落物及地下根系

林木的枯枝落叶作为土壤微生物有机质和无机养分的重要来源，会影响到土壤中微生物的群落结构，有利于土壤细菌群落的构建和养分循环[161]。在凋落物被微生物直接作用分解的过程中，微生物可以获得生长所需的能量和物质。已有研究证实，在真菌分泌木质素降解酶前，细菌实际上是枯死木的最早的寄生者[162-164]。外生菌根一般在有机和无机土壤层，也生长在木材碎屑和凋落物上[165,166]。此外，树种残骸种类（如幼苗、枯叶和球果）也会决定腐生真菌的特异性[167]。Rajala等[168]对挪威云杉林腐木分解过程中真菌群落的演替特征进行研究，发现褐色腐生真菌在中度腐烂阶段显著相关，并且在分解后期，内生菌根真菌较白色腐生真菌和褐色腐生真菌更有竞争力。Elias等[169]通过凋落物分解实验，发现成熟林的微生物群落具有更大的功能广度，研究对象中所有的凋落物在与老林土壤结合时分解得更快。王小平等[170]在研究凋落物多样性及组成对土壤微生物群落的影响时，发现凋落物物种多样性对细菌和真菌含量均有显著影响，并且凋落物初始C、N、木质素含量及C/N值均

对真菌含量具有显著正影响，并可通过真菌对凋落物质量分解产生显著负的间接影响。

　　除凋落物，不同林分地下根系与土壤微生物相关性的研究，也是现阶段热门的研究方向。许多研究已经证实，根际富集的微生物类群与菌根根际的微生物群落差异非常大[171-175]，这是由根系分泌物的差异所引起的。根系分泌物能够通过改变根际周围的土壤理化性质，从而间接影响到与菌根真菌相关的微生态。Uroz 等[176]研究发现，栎树根际较非根际的 β - 变形菌门、γ - 变形菌门丰度高，尤其是对应于伯克氏菌属的序列丰度高。另外一些研究证实，外生菌根周围较根际周围和非根际周围细菌群落特征有显著差异[177]。虽然不同的菌根真菌没有显著的差异，但相较于根际和非根际，外生菌根周围的一些细菌类群（β - 变形菌门和 γ - 变形菌门）丰度增高或者降低（放线菌），表明菌根真菌对细菌群落特征的重要影响。Gottel 等[178]通过对美洲黑杨林在不同土壤类型下的研究发现，组织内部（内寄生）细菌群落和根圈的细菌群落具有显著差异，且细菌群落是由宿主植物不同组织的选择决定的，不是随机选择而形成的结构，说明根系分泌物与土壤微生物有复杂的交互响应。Gu 等[179]在研究植物根系分泌物类型和根际微生物菌群结构关系时，证实植物根系分泌物是根际细菌重要的营养来源，尤其一些小分子物质在调控土壤微生物群落结构中起着至关重要的作用，并影响着土壤微生物群落功能。所以，植物根部在土壤中释放各种类型的酶/化合物，调节微生物和植物之间的关系[180]，并且根茎的各种理化参数影响着微生物功能，如呼吸过程、根系分泌的有机酸、土壤有机物的分解、养分吸收、共生固氮等[181,182]。

1.3　城市森林土壤微生物研究意义

　　随着人类社会和经济的飞速发展，生态环境面临着诸多问题，如全球温室效应、生物多样性丧失、生态平衡严重破坏等，森林生态系统是应对环境问题和保护人居生态环境的生态基础，除了为人类提供大量木材和各种林副产品以外，在维系生物圈稳定和平衡方面发挥着重要作用。其中，城市森林不仅可以改善城市环境、涵养水源、减少噪声，还可以为城市居民提供休闲游憩场所。土壤是地球上生命赖以生存和发展的物质基础，城市森林生态系统的良性循环离不开土壤的支持和保护。土壤微生物是土壤生生不息的关键，对土壤的形成发育、物质循环和肥力演变等均有重要作用。它受森林地上和地下部分的双重影响：一方面，森林冠层影响着进入土壤的光照、水分、养分等，进而影响土壤微生物的代谢过程；另一方面，植被根系分泌物和凋落物会干扰到土壤微生物的群落结构。

城市特殊的立地条件会引起土壤理化性质及微生物特征的改变，对土壤生物地球化学循环会产生深刻影响[183]。所以，一直以来，国内外学者对城市森林中的林分类型、植被演替、季节变化、土壤理化性质等，尤其是土壤微生物群落特征进行了大量研究[184]，其中土壤养分和土壤微生物一直是城市森林生态系统的研究重点和热点。本书研究地点蜀山城市森林公园地处合肥西郊，位于大别山区与皖北中间过渡地带，属南北过渡，植物区系成分相互交汇渗透，林下土壤的理化结构和微生物群落有一定的区域特殊性[185]。蜀山城市森林公园作为合肥近郊唯一的城市森林公园，对于维护生态平衡，发挥经济效益和社会效益具有重要作用。目前，以森林植被为主的城市生态建设主要是建成区的绿化美化，对蜀山森林公园的研究集中在森林景观动态、森林群落动态、物质循环和土壤特征等方面，尚缺少对主要森林植被的土壤微生物群落特征和影响机制的了解，特别是在频繁人为干扰背景下，森林群落结构、土壤理化性质、季节更替变化和微生物群落结构之间的关联性研究。

城市森林建设已成为现代城市生态建设的主要途径，其发展水平已经成为城市现代化和生态化发展的重要标志。《中国可持续发展林业战略研究总论》（2002）中明确提出"生态建设、生态安全、生态文明"的战略思想，并把以城市森林建设为核心的"城市林业发展战略问题"列为十大战略性问题之一，其目的就是要加快城市林业发展步伐，使城市生态环境建设由单一绿化型向生态绿化型转变[186]。探究城市森林的土壤资源状况，掌握林分结构和土壤理化性质的特征，保护微生物群落结构的稳定，充分发挥城市森林的生态服务功能，为城市森林的可持续经营提供可靠的理论依据。

基于此，本书选择蜀山森林公园4种主要林分类型（马尾松、麻栎、枫香人工林和落叶阔叶次生林）开展研究，系统探讨林分类型、土壤理化性质和微生物群落之间的关系，加深对微生物群落特征和影响机制的认识，为城市森林可持续发展和生态环境的保护提供科学依据。本书主要研究内容包括：

①确定频繁人为干扰下城市森林不同群落结构及其土壤理化性质特征；

②分析不同森林群落土壤微生物群落结构、生物量、多样性特征，揭示人工林和次生林土壤微生物群落结构的差异性；

③阐明控制土壤微生物群落组成和多样性的关键环境因素。

第 2 章

▲ ▲ ▲ ▲ ▲ ▲

土壤微生物群落
影响机制实验

2.1　研究区域概况

合肥市地处中纬度地带（31°51′N，117°14′E），属亚热带北缘，是季风气候较为明显的区域之一。研究区蜀山森林公园位于合肥西郊，距市中心约10km，面积约566hm²，最高海拔284m。森林公园内年平均气温15.7℃，气候四季分明，大致春季2个月、夏季4个月、秋季2个月、冬季4个月。极端最高温度41.2℃，极端最低温度−20.6℃。年平均降水量969mm，梅雨显著、夏雨集中，6～8月三个月降水量占全年降水量的35%～45%，年平均相对湿度74%～78%，夏季最大，冬季最小。年平均蒸发量达1538mm，全年无霜期230d。蜀山森林公园作为城市中心的"盆景山""城市翠钻""绿肺"，是人们生态休闲、游览观赏的场所[185]。

蜀山系大别山余脉，由火山喷发而成。山势东南高，西北低，呈椭圆形，山麓地形平缓，大多坡度在15°以下。中上部陡立，东南面坡陡，北面坡缓，最大坡度达30°以上，最小坡度为5°。土层厚度50～100cm，山麓缓坡地段土层较厚，主要土壤类型为黄棕壤，质地黏重，肥力一般。具体地势地貌见卫星图2-1（书后另见彩图）。

按照《安徽植被》，蜀山森林公园位于温带落叶阔叶林与亚热带常绿阔叶林区交界处，自然植被比较丰富，落叶阔叶林占多数。在20世纪40年代，一场大火导致原始森林植被基本消失，在20世纪50年代，通过人工植树造林逐步恢复蜀山森林植被。根据大蜀山森林公园林业管理站提供资料，森林总面积约为437hm²，主要有针叶阔叶混交林、阔叶纯林和阔叶混交林3类林相，当前针叶阔叶混交林面积约为200hm²，郁闭度为0.85；阔叶混交林面积约237hm²，其中约有7.6hm²的麻栎（*Quercus acutissima*）纯林和3hm²的枫香（*Liquidambar formosana*）纯林，郁闭度为0.82。针叶人工林主要是马尾松（*Pinus massoniana*）林，其面积超过200hm²，占公园森林面积的65%，系20

图2-1　合肥蜀山森林公园卫星地图

世纪50～60年代营造，近60年来没有人为经营，林下植被发育较好，有较多的灌木生长，主要种类有枫香、榆树（*Ulmus pumila*）、朴树（*Celtis tetrandra*）、构树（*Broussonetia papyrifera*）、盐肤木（*Rhus chinensis*）、黄檀（*Dalbergia hupeana*）等[185]。但由于蜀山长期受人类活动影响，植被的次生性强，又因常绿树种的自然更新能力较差，次生林以落叶阔叶树种占优势。落叶树中优势种主要有壳斗科、金缕梅科、豆科、榆科、胡桃科、椴树科等。常绿树中以马尾松、青冈栎（*Cyclobalanopsis glauca*）、黑松（*Pinus thunbergii*）、女贞（*Ligustrum lucidum*）、杉木（*Cunninghamia lanceolata*）、毛竹（*Phyllostachys pubescens*）、刚竹（*Phyllostachys viridis*）等为主，这些常绿树种在林内通常星散分布，居乔木亚层和灌木层之中[187]。研究蜀山森林群落结构、土壤理化性质和土壤微生物，对于利用、保护和改善这一地区的森林生态系统具有极其重要的意义。

2.2　实验设计与取样

2.2.1　样地选取

选择蜀山森林公园马尾松、麻栎、枫香人工林和落叶阔叶次生林4种典型森林群落类型，其中马尾松人工林样地位于大蜀山西北坡中部；麻栎和枫香人工林位于大蜀山东北坡，革命烈士陵园西北边；落叶阔叶次生林位于大蜀山东南坡（图2-2，书后另见彩图）。

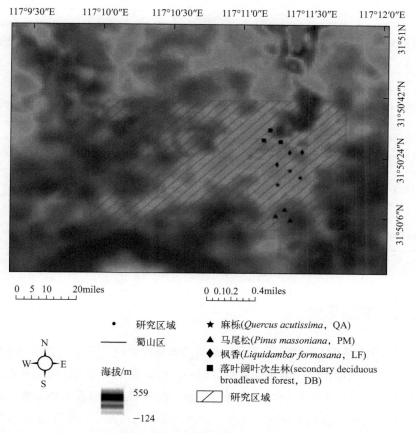

图 2-2　蜀山城市森林公园研究区示意图（1mile=1609.34m）

每种林分内，设置面积为30m×30m的重复样地3个，每个相邻样地之间设置8~10m的缓冲带，并在每块样地的四角和中心一共设置2m×2m的样方5个。样地设置后进行每木调查，实测胸径、树高，记录树种，用于计算林分组成结构。林下植被测定、记录样方内所有灌木、草本、藤本植物的种类、高度、株数及盖度等，统计4种林分类型的样地基本情况（表2-1）。

表2-1　4种林分类型的样地基本情况

林分	海拔/m	经度/（°）	纬度/（°）	坡向	胸径（DBH）/cm	树高/m	优势种
马尾松 P. massoniana	258	117.18825	31.84305	东南	24.62± 4.37	28.24± 3.67	马尾松 P.massoniana 构树 B. papyrifera 柘树 C. tricuspidata
麻栎 Q. acutissima	194	117.18885	31.84830	东北	38.15± 5.97	27.54± 3.23	麻栎 Q. acutissima 构树 B. papyrifera
枫香 L. formosana	217	117.18879	31.85080	东北	25.63± 10.54	28.36± 8.16	枫香 L. formosana 乌桕 S. sebiferum
落叶阔叶次生林 secondary deciduous broadleaved forest	226	117.18770	31.85227	东北	14.44± 4.35	10.29± 3.04	朴树 C. sinensis 柘树 C. tricuspidata 构树 B. papyrifera

注：DBH是树木胸径（diameter at breast height），胸径和树高的值为平均值±标准差。

2.2.2　样品采集

在2018年5月和2019年1月，按照"五点取样法"[188]，分2次在4种林分内进行土壤取样。在清除表层凋落物后，用直径6cm土壤钻采用五点混合法在每个样方内按照0～10cm、10～20cm、20～30cm分3层采集土样。每个样地的土壤样品按照土层充分混合，形成均质混合样品，再用孔径5mm钢筛过筛后去除树根和其他碎屑，除表层土样外，10～20cm和20～30cm土层的每份土样均分成2小份分装入样品袋，做好标记，迅速放入低温冰箱密封保存，其中1份用于土壤理化性质测定，另1份用于微生物群落功能多样性分析。表层土样分3份，其中2份分别用于土壤理化性质、微生物群落结构和活性分析；第3份用于土壤微生物基因组DNA提取和后续生物分析。所有样品均用低温箱密封保存，运送至安徽农业大学实验室，把用于提取和分析土壤微生物DNA的样品保存在-80℃超低温冰箱，其余所有样品及时保存在4℃冰箱内。

2.3　样品分析

2.3.1　土壤理化性质的测定

取回的新鲜土壤样品测定土壤含水率（SWC）、铵态氮（NH_4^+-N，AN）、硝态氮（NO_3^--N，NN）、可溶性有机碳（dissolved organic carbon，DOC）、可溶性有机氮（dissolved organic nitrogen，DON）、微生物量碳（microbial biomass carbon，MBC）、微生物量氮（microbial biomass nitrogen，MBN）。测完以上数据后，将剩余的土壤样品进行风干处理，为保证样品干燥彻底并达到处理标准，在粉碎处理前将风干土装入信封60℃烘干至恒重，然后进行粉碎过筛（60目）用于测定土壤pH值、电导率（electrical conductivity，EC）、有机碳、总氮、全磷和钾。

（1）土壤含水率

取回的新鲜土样用烘干法[189]测定土壤含水率SWC。取一定量鲜土（约10g）置于烘箱中，105℃烘干至恒重，其烘干前后质量之差与烘干后质量的比值即为含水率，计算公式：

$$SWC = \frac{W_{鲜} - W_{干}}{W_{干}} \tag{2-1}$$

（2）土壤 pH 值和 EC 值

土壤溶液pH值和EC值：土壤pH值采用干土与蒸馏水1∶2.5（质量体积比）比例混合，摇匀静置30min后用pH计（PH8008，SMART SENSOR，CHN）测定其pH值，土壤电导率EC值采用干土与蒸馏水1∶5（质量体积比）比例混合后摇匀静置1h后用HORIBA B-173型电导率计测定EC值。

（3）铵态氮（NH_4^+-N）、硝态氮（NO_3^--N）

新鲜土壤去除根和石砾，过2mm筛，称量30g新鲜土壤样品加入50mL的1.0mol/L KCl溶液，置于摇床震荡30min后静置，浸提液采用流动注射仪（FIAStar 5000 Analyzer，FOSS，Sweden）测定。

（4）可溶性有机碳（DOC）和氮（DON）

新鲜土壤去除根和石砾，过2mm筛，称取30g新鲜土壤样品加入0.5mol/L的K$_2$SO$_4$溶液50mL，置于摇床震荡30min，静置后用GF/F玻璃纤维滤纸过滤，浸提液稀释5倍后，采用Multi 3100 C/N（Jena Analytik，Germany）总有机碳分析仪测定土壤DOC和DON。

（5）微生物生物量碳（MBC）和氮（MBN）

微生物MBC和MBN采用氯仿熏蒸浸提法处理[190-193]，新鲜土壤去除根和石砾，过5mm筛，称量30g新鲜土壤样品放在干燥器上面，在干燥器底部放上装有15mL氯仿的小烧杯，在25℃下抽空至氯仿沸腾，干燥器充满氯仿气体，停止抽空，放在恒温箱中24～36h，取出再添加氯仿10mL，抽空沸腾后，恒温箱中放置24h，充分抽空，使氯仿全部抽净，再用0.5mol/L K$_2$SO$_4$浸提。浸提液稀释5倍后，使用Multi 3100 C/N分析仪测定熏蒸后土壤浸提液的碳、氮含量。MBC和MBN计算公式：

$$MBC = E_C/k_{E_C} \qquad (2-2)$$

其中E_C=从熏蒸土壤中提取的有机碳–从非熏蒸土壤中提取的有机碳，k_{E_C}为换算系数，k_{E_C}=0.45[194]。

$$MBN = E_N/k_{E_N} \qquad (2-3)$$

其中E_N=从熏蒸土壤中提取的总氮–从非熏蒸土壤中提取的总氮，k_{E_N}为换算系数，k_{E_N}=0.54[195]。

（6）全量（SOC、TN、TP、K）

土壤干燥粉碎后的样品使用仪器CHN分析仪（EA 3000，Vector，Italy）来测定土壤有机碳（SOC）和总氮（TN）。采用3∶1的浓硝酸和高氯酸（HNO$_3$-HClO$_4$）湿式消化法处理土壤样品，用流动注射仪（FUTURA，ALLIANC，France）测定总磷（TP），用TAS-990AFG型原子吸收分光光度计（普析，北京）测定养分K含量[196]。

2.3.2 土壤微生物多样性测定

使用美国Biolog公司生产的微平板培养基，测定微生物群落多样性，

Biolog EcoPlate 共有 8×12 共计 96 个微孔，每 32 个为一个重复，三次平行，32 个孔中除对照孔外，都各含有一种不同的有机碳源和相同含量的四唑紫染料，在一定温度条件下，微生物呼吸代谢产生的电子转移，使得氧化还原染料变色，颜色变化规律反映了微生物对相应碳源的利用能力，即用来反映微生物种群的总体活性。具体方法如下：

称取相当于 10g 烘干土壤的新鲜土壤，加入盛有 90mL 灭菌生理盐水（0.85%）的三角瓶中，在摇床上震荡 30min，转速为 250r/min。静置 10min 后，依次稀释至 1000 倍，取上述稀释液加入到 BIOLOG-ECO 平板中，每孔 150μL，然后放入 28℃ 生化培养箱中培养，每隔 24h 用 Biolog 自动读取仪读取数据，连续测定 7d。

BIOLOG-ECO 平板每孔颜色平均变化率 AWCD=$[\sum(C-C_0)]/31$，也可以用来表示微生物群落利用碳源的整体能力，式中，C 为所测定的 31 个碳源孔的吸光值；C_0 为对照孔的吸光值。土壤微生物群落功能多样性指数计算参照植物生态学中的方法，计算采用反应 7d 后的测定结果。

Simpson 指数：

$$D=1-\sum(p_i)^2 \tag{2-4}$$

式中，p_i 为第 i 孔的相对吸光值与整个平板相对吸光值总和的比率。

Shannon 指数：

$$H'=-\sum p_i \times \ln(p_i) \tag{2-5}$$

McIntosh 指数：

$$U=\sqrt{\left(\sum n_i^2\right)} \tag{2-6}$$

式中，n_i 是第 i 孔的相对吸光值。

2.3.3 土壤微生物总 DNA 的提取、测定和分析

2.3.3.1 土壤微生物总 DNA 的提取

采用 Fast DNA SPIN Kit for Soil 试剂盒和 Fast Prep24 核酸提取仪提取土壤总 DNA，置于 −80℃ 超低温冰箱保存。通过琼脂糖凝胶电泳检测 DNA 提取质量，同时采用紫外分光光度计对 DNA 进行定量。

具体操作步骤如下：

① 取出在-80℃超低温冰箱保存的土壤样品，在室温下解冻。

② 称取0.5g土壤样品于Lysing Matrix E管中，加入978μL Sodium Phosphate Buffer和122μL MT Buffer。

③ Fast Prep 24核酸提取仪调到6挡，设定时间为40s，使其均匀破碎。

④ 将Lysing Matrix E管放入离心机中，14000g下离心15min。

⑤ 上清液转移到一个新的2mL离心机中（使用移液器转移约900μL），加入250μL PPS solution，用手颠倒离心管10次左右，使其混合均匀。

⑥ 离心管放入离心机中，14000g下离心5min使其沉淀，转移上清液到5mL离心管中。

⑦ 加入1mL摇匀的Binding Matrix，涡旋或颠倒2min，然后静置3min。

⑧ 弃去约600μL的上清液，涡旋剩余的混合液，先转移约750μL于柱子管中，在14000g下离心1min，倒掉底部液体（柱子保留），把剩余的混合液再次转入柱子管中（转移前应涡旋均匀），再次离心，离心后倒掉液体。

⑨ 加入500μL SEWS-M到柱子管中，使柱子中固体匀质，在14000g离心1min，倒掉液体。

⑩ 空管离心2min，使其干燥，丢弃下面的转液管，换一个新的（小心轻拿轻放离心过的样品），室温下空气干燥5min（可延长至7min）。

⑪ 加100 μL DES，轻摇后，放入55℃烘箱中5min（烘箱提前打开）。

⑫ 从烘箱中取出后，在14000g下离心1min，最后把提取出的土壤微生物总DNA放入-20℃冰箱低温保存备用。

2.3.3.2　土壤微生物DNA的PCR扩增、16S rDNA测序

以微生物核糖体RNA等能够反映菌群组成和多样性的目标序列为靶点，根据序列中的保守区域设计相应引物，并在通用引物上添加测序通用接头和样本特异性barcode序列，进而对rRNA基因可变区（V3+V4）或特定基因片段进行PCR扩增。

（1）模板：土壤微生物总DNA

（2）扩增区域和扩增引物

PCR扩增采用高保真DNA聚合酶，扩增产物能真实反映细菌的原始序列

情况，并保证同一批样本的扩增条件一致（表2-2，表2-3）。扩增区域是细菌16S rDNA V3+V4区域，扩增引物是338F（5′-ACTCCTACGGGAGGCAGCAG-3′和806R（5′-GGACTACHVGGGTWTCTAAT-3′）[197]。

表2-2　PCR反应体系

PCR 反应成分	PCR 反应体积 / 量
Phusion 热启动 flex 2X Master Mix	12.5μL
正向引物	2.5μL
反向引物	2.5μL
模板 DNA	50ng
加入 dd H$_2$O	25μL

表2-3　PCR反应条件

PCR 反应温度 /℃	PCR 反应时间	循环次数 / 次
98	30s	
98	10s	
54	30s	35
72	45s	
72	10min	
4	∞	

注：若是使用上述方法扩增效果不佳，可以按照不同的情况进行模板稀释，退火温度可适当减少2℃或者可以将DNA进行磁珠纯化，以达到扩增成功的效果。

（3）扩增产物回收纯化

PCR扩增产物通过2%琼脂糖凝胶电泳进行检测，并对目标片段进行回收，回收采用AxyPrep PCR Cleanup Kit回收试剂盒。核糖体RNA含有多个保守区和高度可变区，利用保守区域设计引物来扩增rRNA基因的单个或多个可变区，然后测序分析微生物多样性。由于MiSeq测序读长的限制，同时也为了保证测序质量，最佳测序的插入片段范围是200～450bp。

（4）扩增产物定量混样上机测序

对纯化后的PCR产物采用Quant-iT PicoGreen dsDNA Assay Kit在Promega QuantiFluor荧光定量系统上对文库进行定量，合格的文库浓度应在2nm以上。将合格的各上机测序文库（Index序列不可重复）梯度稀释后，根据所需测序量按相应比例混合，并经NaOH变性为单链进行上机测序；使用MiSeq测序仪进行2序仪的双端测序，相应试剂为MiSeq Reagent Kit V3（600个循环）。

2.3.3.3　数据分析

具体流程如下。

（1）数据拆分

在对16S rDNA进行可变区测序的时候，选取的测序区域为V3-V4区，V3和V4区长度约为469bp。Illumina MiSeq平台通过双端测序（PE300）的方法来完成V3-V4区的测序，对测序获得的双端数据，首先根据barcode信息对样品进行数据拆分。

（2）数据拼接和过滤

为了还原真实的V3-V4区序列碱基，需要根据双端序列的重叠（overlap）关系，将序列拼接（merge）成长的tag，并将序列上建库引入的barcode和引物序列去除。此外，测序仪按照荧光信号来判断测序碱基的类型（ATCG），质量值可识别碱基的错误概率，为了保证后续结果的可靠性，需要将质量值低（错误率高）的序列去除。然后将嵌合体序列（嵌合体序列是指序列前半段可能属于read1，后半段属于read2，拥有两条信息的序列。可能产生的原因：一是在PCR扩增时两条不同的序列产生杂交、扩增的序列；二是序列拼接的过程中也可能产生嵌合体）过滤后，进行Q20、Q30等质控分析，获得最终的clean data。

（3）OTU聚类

16S rRNA建库过程中按照设定引物序列对高变区（V3-V4区）进行

PCR扩增，将相似性序列（一般按照序列相似度大于97%）聚类为OTU
（操作分类单元，可认为是一个物种），每个OTU对应一条不同的16S rRNA
序列（代表序列），OTU聚类不仅可以提高分析效率，也可以在聚类中去除
测序错误的序列（例如Singletons序列，只有一条的序列），保证数据分析的
准确性。

（4）多样性分析

通过OTU聚类分析，可以得到不同样品中OTU的丰度，从而评估每个样
品中微生物的多样性，包括对样品中含有OTU数目（丰富度）和群落结构的
稳定性（均匀度）进行计算和评估。通过OTU稀释曲线分析，评估测序量是
否达标（如果随着测序量的增加，样品中OTU数目显著增加，说明测序量不
足，不能反映样品中的大部分微生物物种）。此外，还可以根据OTU丰度表
计算不同样品间的物种组成结构差异（Beta多样性分析），从而研究不同样品
（分组）物种组成异同。

（5）物种注释和统计分析

根据每个OTU代表序列与16S rRNA数据库（RDP和NT-16S）比对结
果，对OTU进行物种分类统计，获得不同分类水平（界门纲目科属种）的
物种丰度表。对样品（分组）在不同分类水平的具体物种组成分析［如优
势物种柱状图分析，直观展示不同样品（分组）的物种组成］，检验组间存
在显著性差异的物种，从而找到区分或影响不同样品（分组）的重要菌群
（biomarker）。

2.4　数据统计和分析

用Excel 2016、SPSS 23.0、Origin 8.5、QIIME 1.8.0和R 3.4.4软件对
试验数据进行统计分析处理。在进行方差分析之前，对变量进行正态性检
验，以确保分析的假设得到满足。单向方差分析被用来评估4种植被类型
之间的差异，用双尾Student′s t检验（Two-tailed Student′s t-Test）来比
较4种植被类型中每一对之间的平均值。$P \leqslant 0.05$的显著性水平用于确定

两组数据之间的差异或相关性在统计学上是否"显著"，其中 $P<0.01$ 的显著性水平被认为是"高度显著"。使用 SPSS 23.0 完成季节、林分、土层对土壤理化性质影响，和季节、林分和土层对土壤微生物多样性指数影响的多元方差分析。土壤微生物对不同碳源的利用率及主成分分析使用 Origin 8.5 软件完成。

使用 R 3.4.4 中的"ggplot2"软件包完成土壤理化性质与土壤 MBC、MBN 之间的相关分析。首先对所选变量的正态性进行测试，如果不遵循正态分布，则进行对数转换。相关系数的显著性是根据 P 值确定的，通常显著性水平为 0.05。生长季和休眠季土壤理化性质和碳源利用效率的 RDA 分析使用了 R 3.4.4 中的"vegan"包，检查数据是否符合单峰模型，对数据进行标准化，以获得最佳模型。

使用 SPSS 23.0 中的 Bray-Curtis 距离异质性矩阵分析土壤因子与各生物类型分布之间的相关关系；分析不同细菌分类水平的相对丰度、多样性以及细菌相对丰度与土壤参数之间的相关性。运用 QIIME 1.8.0 软件，通过主坐标分析（principal co-ordinates analysis，PCoA）和聚类分析计算土壤细菌 α 多样性，聚类分析使用非加权算数平均对群法（unweighted pair group method using arithmetic average，UPGMA）。主成分分析（principal components analysis，PCA）置换检验均采用 R 3.4.4 中"vegan"安装包完成。使用 R 软件"ggplot2"包进行 Mantel 检验，以分析环境变量与细菌群落结构之间的关系；使用"vegan"包完成 RDA 分析，以确定环境因素和土壤细菌群落之间的关系，并量化环境因素的相对贡献。

2.5　实验技术路线

以合肥蜀山城市森林公园 4 种林分为研究对象，分析人工林和天然林之间，土壤理化因子差异和土壤微生物群落特征，探索林分、季节、土层、土壤理化因子对土壤微生物群落的影响机制（图 2-3）。

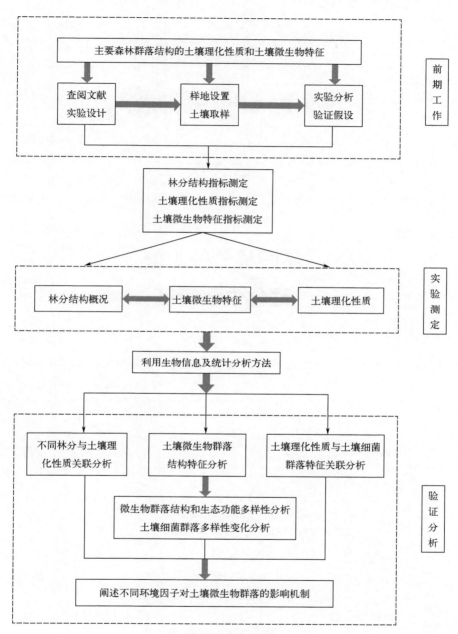

图 2-3　技术路线图

第 3 章

▲ ▲ ▲ ▲ ▲ ▲ ▲

不同林分的土壤
理化性质特征

陆地生态系统大部分被森林所覆盖，林下土壤微生物调控土壤分解速率、有机物含量，控制森林生态系统生产力的总体生物地球化学过程[198]，与此同时，各种森林类型的土壤理化特性也控制着微生物生物量及其活性。目前，在森林树种、土壤微生物和理化特性之间的相互关系领域已有较多研究，已发现自然更新林在养分循环和土壤质量方面通常优于人工林[199]，但是土壤微生物群落特征取决于复杂的森林生态系统，例如气候因素、林分结构和土壤理化性质等。所以，通过对蜀山森林公园 4 种主要林分的土壤理化性质进行比较分析，可以更好地了解土壤理化性质对土壤微生物的调控作用，以及人工林和天然林之间的土壤理化性质差异，为改良土壤和森林经营提供科学依据。

3.1 主要森林群落结构

植物群落是特定时空下多种植物有规律的组合，具有一定数量和结构特征。群落中植物种类的分布情况主要遵循三大地带性规律，即纬度地带性、经度地带性和垂直地带性[199]。因此，在构建城市森林群落时，需要考虑植物群落的稳定性和地带性规律，充分发挥城市森林在特定环境下的景观效果、生态效益和美学价值。长江三角洲地区的植被主要有 3 大类型，分别是温带落叶阔叶林、亚热带常绿落叶阔叶混交林和亚热带常绿阔叶林[200]。合肥市地处长江三角洲地区，蜀山森林公园又是合肥近郊唯一的一座城市森林公园，研究森林群落结构，有利于城市森林的效益与规划管理，进而为优化城市森林的空间格局、改善景观的异质性格局提供重要的理论依据。

3.1.1　4 种林分类型植被结构及生长特征

对蜀山森林公园4种林分类型的调查显示，马尾松人工林的乔木层除马尾松外，亚优势种主要是构树和柘树（*Cudrania tricuspidata*）；麻栎人工林乔木层基本没有其他树种，只有少数构树；枫香人工林除优势树种枫香以外，相对丰度较高的有乌桕（*Sapium sebiferum*）、杜仲（*Eucommia ulmoides*）、柘树；落叶阔叶次生林乔木层有朴树、柘树、构树、乌桕、黄连木（*Pistacia chinensis*）、短毛椴（*Tilia chingiana*）、平基槭（*Acer truncatum*）和拐枣（*Hovenia acerba*）（附表1）。

4种林分内灌木层均有卫矛（*Euonymus alatus*）。马尾松林灌木层有山胡椒（*Lindera glauca*）、华山矾（*Symplocos chinensis*）。麻栎林的灌木层主要是青灰叶下珠（*Phyllanthus glaucus*）。枫香林灌木层有六月雪（*Serissa japonica*）、郁李（*Cerasus japonica*）、猫乳（*Rhamnella franguloides*）、野花椒（*Zanthoxylum simulans*）和茶条漆（*Acer ginnala*）。落叶阔叶次生林的灌木层有细梗胡枝子（*Lespedeza virgata*）、六月雪、白檀（*Symplocos paniculata*）、山胡椒、野山楂（*Crataegus cuneata*）。枫香和次生林的林下地被植物较为丰富，有天葵（*Semiaquilegia adoxoides*）、茜草（*Rubia cordifolia*）、野艾蒿（*Artemisia lavandulaefolia*）、牛繁缕（*Malachium aquaticum*）、蛇莓（*Duchesnea indica*）、一年篷（*Erigeron annuus*）、商陆（*Phytolacca acinosa*）、荩草（*Arthraxon hispidus*）、葎草（*Humulus scandens*）、蛇床（*Cnidium monnieri*）、紫花地丁（*Viola philippica*）、夏枯草（*Prunella vulgaris*）、猪殃殃（*Galium aparine*）、麦冬（*Ophiopogon japonicus*）、宝盖草（*Lamium amplexicaule*）、龙牙草（*Agrimonia nipponica*）等（附表1）。

3.1.2　4 种森林群落的重要性指数

马尾松样地内优势树种马尾松重要值达118.11%，亚优势树种是构树和柘树。灌木层重要值依次为卫矛＞山胡椒＞华山矾（附表2）。麻栎林和枫香林的优势树种麻栎和枫香，重要值分别高达211.53%和206.78%，林下植被少且优势度低，这2种人工林接近于纯林的群落结构。麻栎林的林木重要值排序依次是麻栎＞构树＞卫矛＞青灰叶下珠，枫香林的林木重要值排序依次为枫香＞乌桕＞卫矛＞茶条槭＞柘树＞野花椒＞杜仲＞六月雪＞郁李＞猫乳。落叶阔叶次生林重要值最高的是柘树，达55.58%，其次是朴树，最低的是拐枣，重要值为6.73%，乔木树种的重要值排序依次是柘树＞朴树＞构树＞黄连木＞短毛椴＞平基槭＞乌桕＞拐枣，灌木层重要值排序依次是卫矛＞山胡椒＞白檀＞野山楂＞细梗胡枝子＞六月雪。

3.2 不同林分类型土壤理化性质及差异

3.2.1 不同林分类型的土壤理化性质

在生长季和休眠季，同一种林分的土壤理化因子会随着土层深度的不同产生变化（附表3，附表4）。4种林分土壤pH在生长季和休眠季均呈酸性，pH值从3.72到6.85不等，并随土层深度加深而逐渐加大。落叶阔叶次生林土壤pH值在生长季和休眠季均高于3种人工林。枫香林各个土层的pH值均是生长季高于休眠季，另外3种林分土壤pH值则是休眠季高于生长季，其中麻栎林土壤呈现较为明显的酸性特点，尤其是在生长季，pH值在3.72～5.18间波动，表层0～10cm土壤酸度最高，为4.37。

土壤电导率（EC）值是评价土壤中溶解盐和水分含量的重要指标之一。在生长季，麻栎林土壤EC均值高于其他3种林分，其中表层土壤EC值最高，达到108.23μS/cm。麻栎林和次生林土壤EC均值都是随土层加深逐渐降低，其他2种林分土壤EC值均是先降再升，中下层土壤EC值差异不显著，最小EC值和EC均值均位于马尾松林土壤中层10～20cm，分别是30.00μS/cm和54.67μS/cm（附表3）。在休眠季表层和底层土壤，马尾松林土壤EC均值为4种林分中最高，表层达68.83μS/cm，马尾松林土壤样本中EC最高值和最低值分别是200μS/cm和25.5μS/cm，差异较大，最高值200μS/cm高于另外3种林分的最高极值。4种林分土壤EC最低值出现在麻栎林表层，为22μS/cm。休眠季时，枫香林土壤EC均值随土层加深逐渐减小，麻栎林土壤EC均值随土层加深逐渐增加，马尾松林和次生林土壤EC均值呈现先降后升趋势（附表4）。

　　土壤含水量（SWC）是评估土壤水分状态和管理土壤水分的重要指标。结果显示，马尾松林土壤SWC均值随土层加深逐渐升高，在生长季和休眠季分别升至29.28%和32.48%（附表3，附表4）。麻栎林和枫香林土壤SWC均值，在生长季及和休眠季均随土层加深呈现先降后升趋势，其中生长季和休眠季麻栎林土壤SWC最高值分别在底层20～30cm和表层0～10cm，为33.16%和35.39%。枫香林土壤SWC最高值均在表层0～10cm，在生长季和休眠季分别为28.68%和30.28%。次生林土壤SWC均值在生长季随土层加深先降后升，但在休眠季逐渐升高，在底层20～30cm达30.94%。在生长季，土壤SWC均值最低值和最高值分别是马尾松林表层土和次生林底层土，为23.08%和30.61%（附表3）。在休眠季，土壤SWC均值最低值和最高值均是马尾松林，分别是表层土和底层土，为24.64%和32.48%（附表4）。所有土壤样本中，生长季和休眠季土壤SWC最低值均位于马尾松林表层，分别是5.51%和15.01%，最高值都是落叶阔叶次生林林地，分别是表层45.22%和底层42.05%。

　　在土壤化学性质方面，马尾松林和次生林土壤钾（K）在生长季和休眠季均随土层加深呈现上升趋势（附表3，附表4）。麻栎林土壤K在生长季随土层加深逐渐增加，在休眠季则是先升后降；枫香林土壤K则相反，在生长季先升然后微降，在休眠季逐步上升。休眠季4种林分各土层K含量均高于生长季值。在生长季，土壤K均值最高为枫香林10～20cm土层，为8.89mg/g，最低值为麻栎林表层土，为6.13mg/g（附表3）。在休眠季，土壤K均值最高为马尾松林20～30cm土层，为10.06mg/g，其次是次生林底层和中层土壤，分别是9.90mg/g和9.79mg/g，最低值为麻栎林表层土壤，为6.77mg/g（附表4）。

　　研究发现，马尾松林和次生林各土层的土壤磷（P）含量，均是生长季高于休眠季（附表3和附表4）。生长季麻栎林，表层0～10cm和底层20～30cm土壤P均值高于休眠季，中层10～20cm低于休眠季；生长季枫香林土壤P均值在3个土层均低于休眠季。在生长季，马尾松林和次生林土壤P随土层加深逐渐降低；麻栎林土壤P则是先降低后升，麻栎林最高值和最低值均出现在10～20cm土层，分别是0.57mg/g，0.11mg/g；枫香林土壤P随土层加深逐渐降低，枫香林最高值和最低值均出现在枫香林底层土，分别是为0.55mg/g，0.08mg/g（附表3）。在休眠季，4种林分土壤P值均随土层加深逐渐降低，其中枫香林土壤P值在3个土层均高于另外3种林分，分别是0.22mg/g、0.20mg/g和0.18mg/g（附表4）。

　　土壤可溶性有机碳（DOC）和氮（DON）是土壤中有机质的一部分，其含量可以反映土壤中有机质的分解和转化程度，以及土壤中微生物的活动状态。DOC和DON含量在同一土层均是生长季远高于休眠季，除生长季次生林土壤DOC随土层加深先降后升以外，其他林分土壤DOC和DON在生长季和休眠季，均随土层加深逐渐降低（附表3，附表4）。在生长季，3个土层的土壤DOC最高值均是麻栎林，分别是91.63mg/kg、75.87mg/kg和46.68mg/kg，次生林土壤DOC在表层和中层均是最低，分别是42.77mg/kg和32.38mg/kg。次生林土壤DON在表层和中层均是最高，分别是11.42mg/kg和8.54mg/kg，马尾松林土壤DON在3个土层均是最低，分别是8.31mg/kg、5.89mg/kg和4.9mg/kg（附录表3）。在休眠季，3个土层的土壤DOC最高值也都是麻栎林，分别是67.19mg/kg、56.79mg/kg和40.68mg/kg。表层土壤DON最高值是麻栎林，为8.19mg/kg，中层和底层DON最高值均是次生林，为6.96mg/kg和6.72mg/kg。3个土层的土壤DON最低值均是马尾松林，分别是5.89mg/kg、4.8mg/kg和4.73mg/kg（附表4）。样本中，生长季和休眠季土壤DOC最低值分别出现在次生林和马尾松林底层，分别是9.05mg/kg和5.88mg/kg，最高值均出现在麻栎林表层，分别是122.97mg/kg和82.54mg/kg。生长季土壤DON最高值出现在次生林表层，达到26.75mg/kg，DON最低值出现在马尾松林底层，为3.45mg/kg。休眠季土壤DON最高值出现在麻栎林表层，达12.99mg/kg，DON最低值也是在马尾松林底层，为1.65mg/kg。

　　除枫香林外，其他3种林分的土壤铵态氮（AN）均是生长季高于休眠季（附表3，附表4）。生长季马尾松林、枫香林和次生林，休眠季马尾松林、麻栎林和次生林土壤AN值均随土层加深逐渐降低。在生长季时，3个土层的土壤AN值均是麻栎林最高，分别是6.42mg/kg、4.6mg/kg和4.86mg/kg；最低均是枫香林，分别是0.82mg/kg、0.64mg/kg和0.61mg/kg。在休眠季时，表层土壤AN值最高为马尾松林，中层和底层最高为麻栎林，分别为1.96mg/kg、1.25mg/kg和0.88mg/kg。3个土层的土壤AN值最低均是次生林，分别为0.53mg/kg、0.35mg/kg和0.26mg/kg。样本中，生长季土壤AN最大值出现在麻栎林表层，为15.94mg/kg，最低值出现在枫香林底层，为0.21mg/kg。休眠季土壤AN最大值出现在马尾松林表层，为8.65mg/kg，最低值出现在枫香林底层，为0.01mg/kg，远低于生长季。

　　生长季麻栎林土壤硝态氮（NN）均值在表层和中层高于休眠季，在底层低于休眠季，另外3种林分土壤NN在3个土层均是生长季高于休眠季（附表3，附表4）。在生长季，表层土壤NN最高是麻栎林，中层和底层是次生林，分别为3.69mg/kg、1.64mg/kg和1.46mg/kg；3个土层最低都是马尾松林，分别是2.25mg/kg、1.3mg/kg和1.09mg/kg。样本中，生长季土壤NN最高值出现在次生林表层，达到13.37mg/kg，最低值出现在枫香林中层10～20cm，为0.08mg/kg。在休眠季，表层和中层土壤NN最高均是次生林，底层最高是马尾松林，分别是9.78mg/kg、9.79mg/kg和10.06mg/kg。表层和底层土壤NN最低均是麻栎林，中层最低是马尾松林，分别是6.77mg/kg、7.9mg/kg和8.66mg/kg。样本中，休眠季NN最高值和最低值分别出现在马尾松林表层和底层土壤，为6.58mg/kg和0.03mg/kg。

　　土壤有机碳（SOC）是土壤中有机质的重要组成部分，其含量可反映土壤的肥力状况和养分供应能力。研究发现，4种林分土壤SOC均值，在生长季和休眠季，均随土层加深逐渐减小（附表3，附表4）。在生长季，3个土层的SOC最高均值都是麻栎林，分别是35.21g/kg、21.35g/kg和19.36g/kg；最低均是枫香林，分别是20.38g/kg、14.2g/kg和12.23g/kg（附表3）。所有样本中，生长季土壤SOC最高值出现在枫香林表层，为67.3g/kg，最低值出现在麻栎林中层，为3.79g/kg。在休眠季，3个土层的SOC最高均值是枫香林，分别是27.51g/kg、18.51g/kg和15.91g/kg；表层土壤SOC均值最低是麻栎林，中层和底层最低是马尾松林，分别是21.55g/kg、13.00g/kg和10.52g/kg（附表4）。所有样本中，休眠季土壤SOC最高值也是出现在枫香林表层，为53.04g/kg，最低值出现在马尾松林底层，为4.7g/kg。

　　土壤氮的含量也可以反映土壤的肥力状况和养分供应能力。研究发现，土壤全氮（TN）均值都是随土层深度加深呈下降趋势（附表3，附表4）。在生长季，表层土壤TN均值最高是麻栎林，中层和底层最高是次生林，分别是2.38g/kg、1.56g/kg和1.50g/kg；3个土层的土壤TN均值最低都是枫香林，分别是1.36g/kg、1.07g/kg和0.98g/kg。所有样本中，生长季土壤TN最高值出现在枫香林表层土，达到4.23g/kg，最低值出现在麻栎林中层土，为0.30g/kg。在休眠季，3个土层的土壤TN均值最高都是枫香林，分别是1.98g/kg、1.58g/kg和1.44g/kg；土壤TN均值最低都是马尾松林，分别是1.00g/kg、

0.87g/kg 和 0.82g/kg。所有样本中，休眠季土壤 TN 最高值出现在枫香林表层土，为 3.51g/kg，最低值出现在马尾松林底层土，为 0.44g/kg。

3.2.2　不同林分类型的土壤理化特性差异

不同林分、不同土层的土壤理化性质差异性各不相同，按照 3 个土层（0～10cm，10～20cm，20～30cm）和 2 个季节（生长季和休眠季），对 4 种林分理化数据进行单因素方差分析（one-way ANOVA）。

（1）pH 值

在生长季和休眠季，3 层土壤 pH 值均值最高都是落叶阔叶次生林。在生长季和休眠季，土壤 pH 值从高到低均是次生林＞马尾松林＞枫香林＞麻栎林（图 3-1）。在生长季 3 个土层，麻栎林 pH 值与其他 3 种林分均差异极显著（$P < 0.001$）（附表 5）。在休眠季表层土壤，次生林 pH 值与 3 种人工林差异显著（$P=0.019$，$P < 0.001$，$P < 0.001$）；在 10～20cm、20～30cm 土层，次生林 pH 均与麻栎林、枫香林差异显著（$P < 0.001$、$P=0.006$ 和 $P < 0.001$、$P=0.015$）（附表 6）。

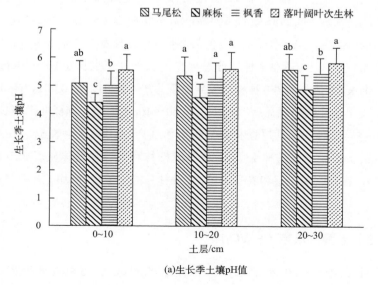

(a)生长季土壤pH值

图 3-1

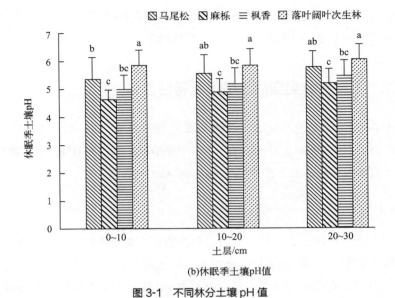

(b)休眠季土壤pH值

图 3-1　不同林分土壤 pH 值

图中a、b、c表示组间显著性差异，不同字母表示差异显著，后同

（2）EC 值

在生长季3层土壤中，4种林分土壤EC值均是麻栎林最高，随土层加深逐渐降低，分别是108.23μS/cm、103.96μS/cm和81.31μS/cm（图3-2）。在生长季0～10cm土层，马尾松土壤EC值与其他3种林分差异均不显著（$P<0.05$）；次生林土壤EC值与其他3种林分差异也不显著。在生长季10～20cm土层，麻栎林土壤EC值与另外3种林分差异显著（$P<0.001$，$P=0.002$，$P=0.037$），其中和马尾松林差异极显著。在生长季20～30cm土层，麻栎林土壤EC值和枫香林差异显著，和马尾松林差异极显著（$P=0.009$）（附表5）。在休眠季0～10cm土层，马尾松林土壤EC值与麻栎林和枫香林差异显著（$P=0.002$，$P=0.03$），在休眠季中层和底层土壤，4种林分的土壤EC值均差异不显著（附表6）。

（3）土壤含水率（SWC）

在生长季0～10cm土层，次生林土壤SWC值与枫香林差异不显著（$P=0.268$），与马尾松林和麻栎林都差异极显著（$P<0.001$）；枫香林土壤SWC值

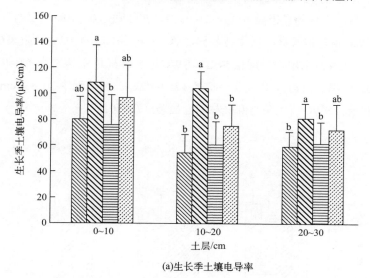

(a)生长季土壤电导率

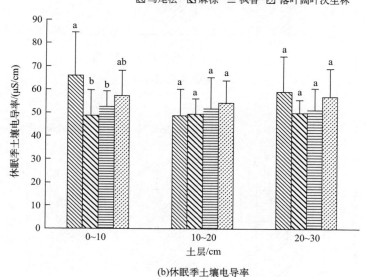

(b)休眠季土壤电导率

图 3-2 不同林分土壤电导率

与麻栎林差异显著，和马尾松林极显著（图3-3）。在生长季10～20cm土层，次生林土壤SWC值与马尾松林差异显著，和麻栎林差异极显著；枫香林土壤SWC值与马尾松林差异不显著（P=0.461），与麻栎林差异极显著（P=0.008）

（附表5）。在生长季20～30cm土层，麻栎林土壤SWC值与其他3种林分都差异显著，与次生林差异极显著（$P<0.001$）。在休眠季0～10cm土层，马尾松林土壤SWC值与枫香林、次生林差异显著（$P=0.007$，$P=0.026$）（附表6）。在休眠季10～20cm土层，马尾松林土壤SWC值与麻栎林差异显著（$P=0.034$），麻栎林土壤SWC值与次生林差异显著（$P=0.027$）。在休眠季20～30cm土层，马尾松林土壤SWC值也是与麻栎林差异显著（$P=0.015$）。

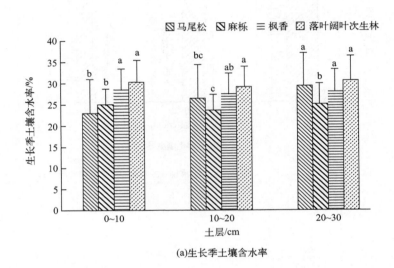

(a)生长季土壤含水率

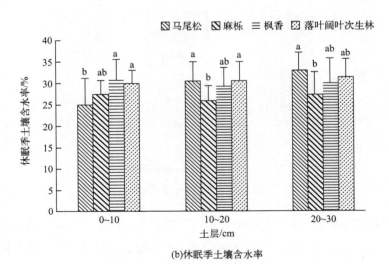

(b)休眠季土壤含水率

图3-3　不同林分土壤含水率

（4）土壤钾（K）

4种林分土壤K均值随土层加深呈现增高趋势（图3-4）。在生长季0～10cm土层和10～20cm土层，麻栎林土壤K与枫香林均差异显著（P=0.031，P=0.026）。在生长季20～30cm土层，4种林分土壤K差异均不显著（$P > 0.05$）

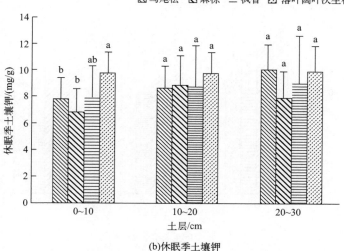

图 3-4　不同林分土壤钾

（附表5）。在休眠季0～10cm土层，落叶阔叶次生林土壤K与马尾松林和麻栎林差异显著（$P=0.032$，$P<0.001$）。在休眠季10～20cm土层和20～30cm土层，4种林分土壤K差异也是均不显著（$P>0.05$）（附表6）。

（5）TP

在生长季0～10cm土层，枫香林土壤TP值与另外3种林分差异显著，与马尾松林和麻栎林差异极显著（$P<0.001$）（图3-5）。在生长季10～20cm土层，马尾松林土壤TP值与枫香林差异显著（$P=0.018$），与其他林分差异都不显著；枫香林土壤TP值与落叶阔叶次生林，麻栎林差异不显著（$P=0.419$，$P=0.354$）。在生长季20～30cm土层，枫香林土壤TP值与马尾松林和麻栎林差异显著（$P=0.04$，$P=0.019$）（附表5）。在休眠季0～10cm土层，马尾松土壤TP值与另外3种林分均差异显著（$P<0.001$，$P<0.001$，$P=0.004$）。在休眠季10～20cm土层，马尾松土壤TP值与麻栎林和枫香林差异显著（$P=0.018$，$P=0.003$）。在休眠季20～30cm土层，同表层一致，马尾松林土壤TP值与另外3种林分差异极显著（$P<0.001$）（附表6）。

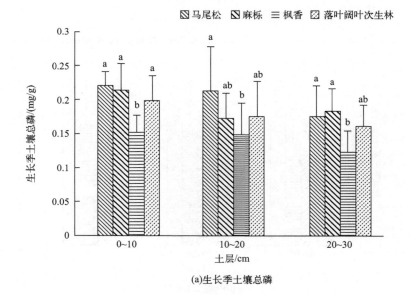

(a)生长季土壤总磷

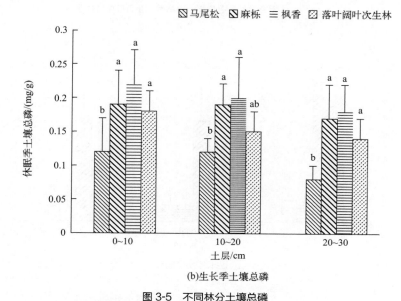

图3-5 不同林分土壤总磷

（6）铵态氮（AN）

在生长季0～10cm土层，次生林土壤AN值与马尾松林和麻栎林差异极显著（$P < 0.001$），枫香林土壤AN值与马尾松林和麻栎林也是差异极显著（$P < 0.001$）（图3-6）。在生长季10～20cm土层，次生林土壤AN值与马尾松林和麻栎林差异极显著（$P < 0.001$），枫香林土壤AN值与马尾松林和麻栎林也是差异极显著（$P < 0.001$），此外，马尾松林土壤AN值和麻栎林差异显著（$P=0.038$）（附表5）。在生长季20～30cm土层，次生林土壤AN值与马尾松林和麻栎林，枫香土壤AN值与马尾松林和麻栎林差异均极显著（$P < 0.001$），此外，马尾松林土壤AN值和麻栎林也是差异极显著（$P < 0.001$）。在休眠季0～10cm土层，马尾松林土壤AN值和次生林差异显著（$P=0.006$）。在休眠季10～20cm土层，次生林土壤AN值与马尾松林和麻栎林差异显著（$P=0.019$，$P < 0.001$），麻栎林土壤AN值与枫香林差异显著（$P=0.007$）。在休眠季20～30cm土层，次生林土壤AN值与另外3种林分差异显著（$P=0.003$，$P < 0.001$，$P=0.002$）（附表6）。

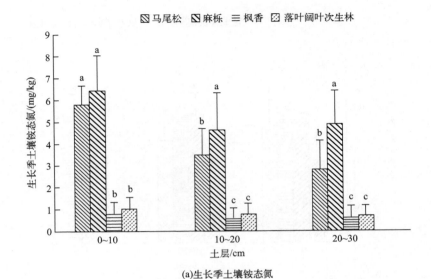

(a)生长季土壤铵态氮

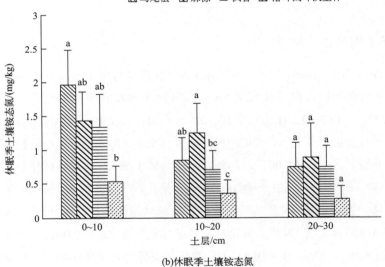

(b)休眠季土壤铵态氮

图3-6 不同林分土壤铵态氮

（7）硝态氮（NN）

在生长季0～10cm土层，马尾松林土壤NN值与枫香林差异显著（$P=0.002$），与另外2种林分差异不显著（图3-7）。在生长季中层和底层土壤，4种林分土壤

NN值均差异不显著。在休眠季0～10cm土层，次生林土壤NN值与马尾松林和麻栎林差异显著（P=0.012，P＜0.001），马尾松林土壤NN值与麻栎林差异显著（P=0.002），枫香林土壤NN值与麻栎林差异极显著（P＜0.001）。在休眠季10～20cm土层和20～30cm土层，次生林土壤NN值与麻栎林均差异显著（P=0.002，P=0.005）（附表5，附表6）。

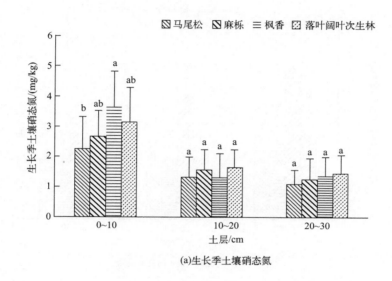

(a)生长季土壤硝态氮

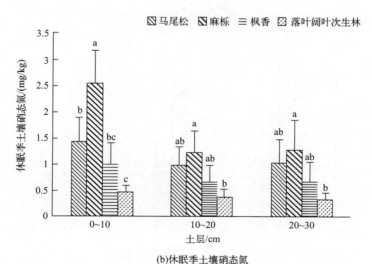

(b)休眠季土壤硝态氮

图3-7　不同林分土壤硝态氮

（8）可溶性有机碳（DOC）

在生长季0～10cm土层，次生林土壤DOC值与马尾松林和麻栎林差异显著（$P=0.022$，$P<0.001$），麻栎林土壤DOC值与马尾松林和枫香林均差异极显著（$P<0.001$）（图3-8）。在生长季10～20cm土层，与表层一致，次生林

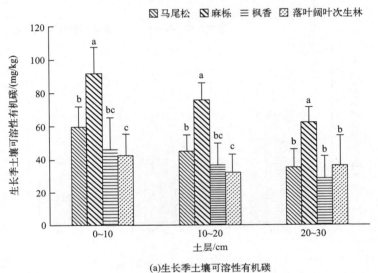

(a)生长季土壤可溶性有机碳

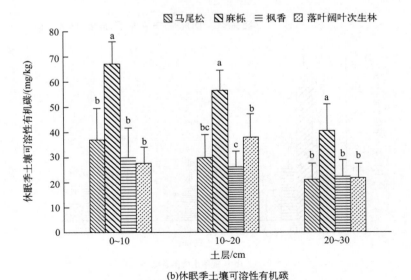

(b)休眠季土壤可溶性有机碳

图3-8　不同林分土壤可溶性有机碳

土壤 DOC 值也是与马尾松林和麻栎林差异显著（$P=0.017$，$P<0.001$），麻栎林土壤 DOC 值也是与马尾松林和枫香林均差异极显著（$P<0.001$）。在生长季 20～30cm 土层，麻栎林土壤 DOC 值与另外 3 种林分差异极显著（$P<0.001$），另 3 种林分差异不显著。在休眠季 0～10cm 土层，麻栎林土壤 DOC 值与另外 3 种林分差异极显著（$P<0.001$）。在休眠季 10～20cm 土层，次生林土壤 DOC 值与枫香林差异显著（$P=0.002$），麻栎林土壤 DOC 值与另外 3 种林分差异极显著（$P<0.001$）。在休眠季 20～30cm 土层，与中层一致，麻栎林土壤 DOC 值与另外 3 种林分差异极显著（$P<0.001$）（附表 5，附表 6）。

（9）可溶性有机氮（DON）

在生长季 0～10cm 土层，马尾松林土壤 DON 值与麻栎林差异显著（$P=0.024$），与另外 2 种林分差异不显著（图 3-9）。在生长季 10～20cm 土层，马尾松林土壤 DON 值与麻栎林和次生林差异显著（$P=0.044$，$P<0.001$）。在生长季 20～30cm 土层，马尾松林土壤 DON 值与另外 3 种林分差异极显著（$P=0.001$，$P=0.038$，$P=0.001$）。在休眠季 0～10cm 土层，马尾松林土壤 DON 值与麻栎林、次生林差异显著（$P=0.001$，$P=0.044$），枫香林土壤 DON 与麻栎林差异显著（$P=0.015$）。在休眠季 10～20cm 土层，次生林土壤 DON 值与马

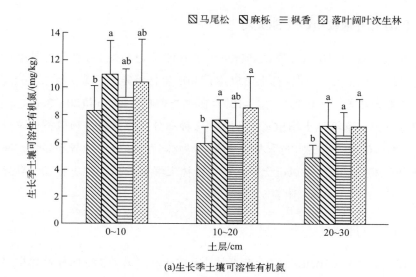

(a)生长季土壤可溶性有机氮

图 3-9

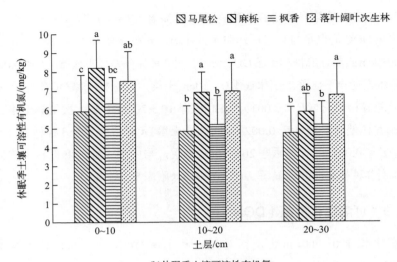

(b)休眠季土壤可溶性有机氮

图3-9　不同林分土壤可溶性有机氮

尾松林和枫香林差异显著（$P<0.001$，$P=0.007$），麻栎林土壤DON值也是与马尾松林和枫香林差异显著（$P<0.001$，$P=0.011$）。在休眠季20～30cm土层，与中层一致，次生林土壤DON值与马尾松林和枫香林差异显著（$P<0.001$，$P=0.015$）（附表5，附表6）。

（10）土壤有机碳（SOC）

在生长季0～10cm土层，麻栎林土壤SOC值与另外3种林分都是差异极显著（$P<0.001$），马尾松林土壤SOC值和次生林差异不显著（$P=0.226$），与枫香林差异显著（$P=0.02$）（图3-10）。在生长季10～20cm和20～30cm土层，与表层一致，麻栎林土壤SOC值与另外3种林分差异显著，和枫香林差异极显著（$P<0.001$）。在休眠季表层土壤，4种林分土壤SOC差异不显著，在休眠季10～20cm和20～30cm土层，马尾松林土壤SOC值与枫香林均差异显著（$P=0.001$，$P<0.001$）（附表5，附表6）。

（11）TN

在生长季0～10cm土层，麻栎林土壤TN值与另外3种林分差异极显著（$P<0.001$），马尾松林土壤TN值和枫香林差异显著（$P=0.033$），马尾松林

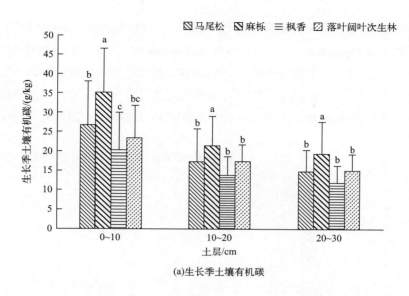

(a)生长季土壤有机碳

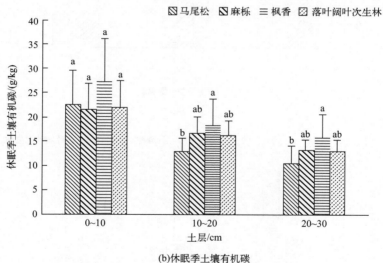

(b)休眠季土壤有机碳

图 3-10　不同林分土壤有机碳

土壤 TN 值和次生林差异不显著（P=0.172），枫香林土壤 TN 值也是和另外 3 种林分差异显著（P＜0.001）（图3-11）。在生长季 10～20cm 和 20～30cm 土层次生林土壤 TN 值与马尾松林、枫香林差异极显著（P＜0.001），麻栎林土壤 TN 值也是与马尾松林、枫香林差异极显著（P＜0.001）。在休眠季 0～10cm 土层，马尾松林土壤 TN 值与另外 3 种林分差异显著（P=0.005，P＜0.001，P＜0.001），麻栎林土壤TN值与枫香林差异显著（P=0.012）。在休眠季10～20cm土层，马尾松林土壤TN值也是与另外3种林分差异极显著（$P<0.001$），麻栎林土壤TN值与枫香林、次生林差异显著（P=0.010，P=0.035）。在休眠季20～30cm土层，马尾松林土壤TN值与另外3种林分差异显著（P=0.002，$P<0.001$，$P<0.001$），麻栎林土壤TN值与枫香林差异显著（P=0.011）（附表5，附表6）。

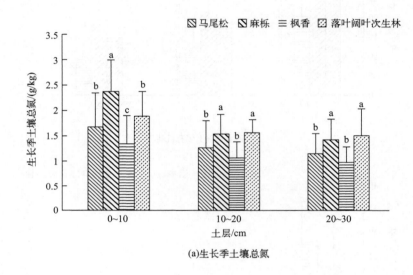

(a)生长季土壤总氮

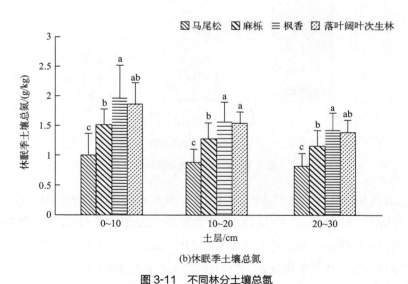

(b)休眠季土壤总氮

图3-11　不同林分土壤总氮

3.3　季节、林分、土层对土壤理化性质的影响

　　林分类型、季节差异和土层深度均会影响到土壤理化性质，了解这些因素对土壤理化性质的影响机制，有助于更好地把握森林生态系统的特点和功能。通常季节变化会对土壤温度、水分和养分等产生影响，从而影响土壤理化性质，而土壤温度和水分的变化还会导致土壤微生物活性的波动，进而也会影响土壤有机质降解和养分循环。不同深度土层的土壤理化性质也存在一定差异，通常土壤表层的有机质含量和养分水平较高，而深层土壤的有机质含量和养分水平较低。多元方差分析（MANOVA）显示，季节、林分和土层这 3 个因素各自对土壤 pH 值影响都极为显著（$P < 0.001$）；并且季节 × 林分交互作用（$F=8.633$，$P=1.56 \times 10^{-5}$）也对土壤 pH 值产生极显著影响（表 3-1）。季节、林分、土层、季节 × 林分交互作用、季节 × 土层交互作用都会对土壤 EC 值产生极显著影响（$P < 0.001$），其中季节 × 土层影响较小（$0.001 < P < 0.01$）。季节、林分对土壤 SWC 值影响极为显著（$P < 0.001$）；土层、季节 × 林分交互作用、土层 × 林分交互作用对 SWC 值影响显著（$P < 0.05$）。综合得出，季节、林分对土壤 pH 值、EC 值和 SWC 值都影响极为显著。

　　土壤 K 含量受林分影响极为显著（$P < 0.001$）；土层，季节 × 林分交互作用对土壤 K 影响较为显著（$P < 0.01$）（表 3-1）。季节、土层和林分 3 个因素对土壤 TP 值的影响也都是极为显著（$P < 0.001$）；并且季节 × 林分交互作用也对 TP 值影响极为显著（$F=57.964$，$P < 0.001$）。土层、林分、季节 × 林分交互作用、土层 × 林分交互作用都会对土壤 AN 值产生极为显著的影响（$P < 0.001$）。季节因素对土壤 AN 值的影响较为显著（$F=8.817$，$P < 0.01$）。土层、林分对土壤 NN 值影响均极为显著（$P < 0.001$）。

　　季节、林分和土层这 3 个因素对土壤 DOC 值和 DON 值的影响都极为显著（$P < 0.001$）；季节 × 林分交互作用对土壤 DOC 值影响也极为显著，对土壤 DON 值影响不显著（$F=0.577$，$P=0.630$）（表 3-1）。土层 × 林分交互作用对土壤 DOC 值和 DON 值影响均较为显著（$P < 0.05$）。土层和林分 2 种因素对土壤 SOC 值影响极为显著（$P < 0.001$），季节对 SOC 值影响较为显著（$F=5.312$，$P < 0.05$）。季节、土层和林分 3 个因素对土壤 TN 值影响都极为显著（$P < 0.001$）；

表3-1　季节、林分和土层对土壤理化因子的交互作用

因素	酸碱度		电导率		含水率		全钾	
	F 值	P 值	F 值	P 值	F 值	P 值	F 值	P 值
季节	47.99	2.19×10^{-11} ***	101.87	$<2\times10^{-16}$ ***	33.61	1.55×10^{-8} ***	3.10	0.08
土层	21.45	1.71×10^{-9} ***	10.24	4.81×10^{-5} ***	3.15	0.04 *	6.67	0.00145 **
林分	69.07	$<2\times10^{-16}$ ***	14.09	1.13×10^{-8} ***	17.06	2.45×10^{-10} ***	19.15	1.73×10^{-11} ***
季节×土层	0.12	0.89	5.70	0.00369 **	0.30	0.75	0.75	0.47
季节×林分	8.63	1.56×10^{-5} ***	23.20	1.13×10^{-13} ***	2.75	0.04 *	4.35	0.00506 **
土层×林分	0.32	0.93	0.88	0.501	2.72	0.0135 *	0.42	0.87
季节×土层×林分	0.22	0.97	1.32	0.25	0.33	0.92	0.39	0.88

因素	全磷		铵态氮		硝态氮	
	F 值	P 值	F 值	P 值	F 值	P 值
季节	46.10	5.10×10^{-11} ***	8.82	0.0032 **	2.06	0.15
土层	7.29	0.000795 ***	22.91	4.71×10^{-10} ***	10.83	2.76×10^{-5} ***
林分	11.68	2.67×10^{-7} ***	236.81	$<2\times10^{-16}$ ***	17.99	7.49×10^{-11} ***
季节×土层	0.70	0.50	0.13	0.88	0.09	0.92
季节×林分	57.96	$<2\times10^{-16}$ ***	14.39	7.72×10^{-9} ***	2.24	0.08
土层×林分	0.77	0.59	5.88	7.53×10^{-6} ***	1.32	0.25
季节×土层×林分	0.86	0.53	0.71	0.64	0.27	0.95

续表

因素	可溶性有机碳		可溶性有机氮		土壤有机碳		全氮	
	F 值	P 值	F 值	P 值	F 值	P 值	F 值	P 值
季节	65.16	1.25×10^{-14} ***	43.82	1.42×10^{-10} ***	5.31	0.02 *	28.37	1.84×10^{-7} ***
土层	20.95	2.65×10^{-9} ***	34.51	2.33×10^{-14} ***	27.39	9.57×10^{-12} ***	54.01	$<2\times10^{-16}$ ***
林分	60.03	$<2\times10^{-16}$ ***	20.40	3.60×10^{-12} ***	11.22	4.93×10^{-7} ***	37.17	$<2\times10^{-16}$ ***
季节×土层	0.20	0.82	0.31	0.73	0.53	0.59	0.14	0.87
季节×林分	16.46	5.33×10^{-10} ***	0.58	0.63	0.51	0.67	3.94	0.00881 **
土层×林分	2.59	0.02 *	2.26	0.04 *	1.89	0.08	3.46	0.0249 **
季节×土层×林分	0.76	0.60	0.27	0.95	1.27	0.27	0.45	0.85

注：表中，"***"代表非常显著，对应 P 值在 0.001，即非常高度显著；"**"代表高度显著，对应 P 值在 0.001~0.01 之间，即高度显著；"*"代表显著，对应 P 值在 0.01~0.05 之间，即显著。

季节×林分，土层×林分交互作用对TN值影响也较为显著（$P<0.01$）。季节×土层交互作用（F=0.139，P=0.870），季节×土层×林分交互作用（F=0.449，P=0.845）对土壤TN含量影响都不显著。

3.4　不同林分土壤理化因子对应分析

为了深入分析4种林分生长季和休眠季土壤理化性质的差异和联系，采用对应分析法（correspondence analysis），按照林分和土层两个维度对土壤各理化因子进行分析，探究其关系。

结果显示，在林分维度上，休眠季枫香林土壤pH值和生长季麻栎林土壤pH值，休眠季马尾松林土壤pH值和生长季次生林土壤pH值，休眠季枫香林土壤pH值和生长季枫香林土壤pH值之间差异较小（图3-12）。生长季马尾

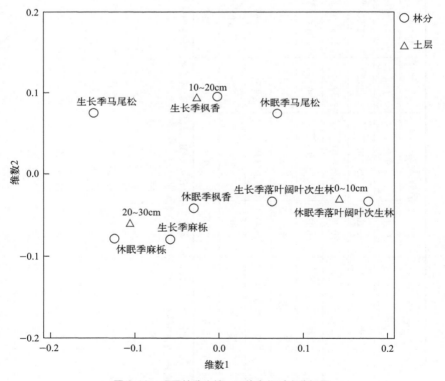

图 3-12　不同林分土壤 pH 值变化对应分析图

松林和休眠季次生林的土壤 pH 值差异最大。在土层维度上，休眠季麻栎林土壤 pH 值和生长季麻栎林土壤 pH 值，生长季次生林土壤 pH 值和休眠季枫香林及休眠季次生林土壤 pH 值差异较小，差异最大的是生长季枫香林和生长季麻栎林土壤 pH 值。生长季枫香林土壤 pH 值和 10～20cm 土层，休眠季麻栎林土壤 pH 值和 20～30cm 土层，休眠季次生林土壤 pH 值和 0～10cm 土层相关性较大。休眠季次生林土壤 pH 值和 10～20cm、20～30cm 土层，生长季马尾松林土壤 pH 值和 0～10cm 土层相关性最小。

　　在林分维度上，休眠季枫香林和休眠季次生林，休眠季次生林和休眠季麻栎林的 EC 值差异最小，差异最大的是生长季麻栎林和生长季马尾松林 EC 值（图 3-13）。在土层维度上，同样也是休眠季枫香林和休眠季次生林 EC 值差异较小，EC 值差异最小的是生长季马尾松林和生长季枫香林；差异最大的是生长季麻栎林和休眠季麻栎林 EC 值。其中，生长季次生林和土层 0～10cm 相关性最大；生长季麻栎林和土层 10～20cm 相关性较大；生长季麻栎林和土层 20～30cm，生长季马尾松林和土层 10～20cm，休眠季麻栎林和土层 0～10cm 相关性较小。

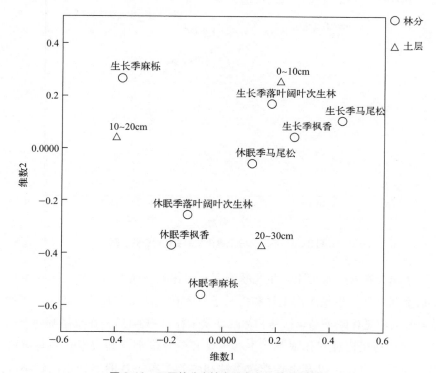

图 3-13　不同林分土壤电导率变化对应分析图

　　土壤SWC值在林分维度上，休眠季麻栎林和休眠季枫香林差异最小，生长季枫香林和休眠季麻栎林、休眠季枫香林差异也较小，差异最大的是休眠季马尾松林和生长季次生林（图3-14）。在土层维度上，也是休眠季麻栎和休眠季枫香SWC值差异最小，休眠季马尾松林和休眠季次生林SWC值差异较小，差异最大的是休眠季马尾松林和生长季马尾松林。相对于土层深度，休眠季次生林和10～20cm土层相关性最大，生长季次生林和表层土相关性较大；0～10cm土层和休眠季马尾松林相关性最小。

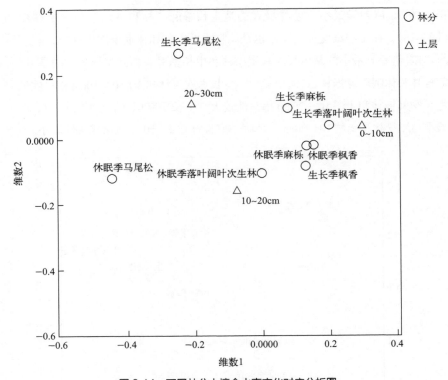

图3-14　不同林分土壤含水率变化对应分析图

　　土壤K在林分维度上，生长季麻栎林和休眠季枫香林，生长季次生林和休眠季麻栎林，生长季次生林和生长季枫香林之间土壤K差异较小，土壤K差异最大的是休眠季马尾松林和休眠季次生林（图3-15）。在土层维度上，则是休眠季马尾松林和休眠季次生林土壤K差异最小，其次生长季马尾松林和生长季次生林，以及生长季次生林和生长季枫香林的差异也比较小，土

壤K差异最大的是休眠季马尾松林和休眠季麻栎林。其中，休眠季次生林和
0～10cm土层相关性最大；休眠季麻栎林和10～20cm土层，20～30cm土层和
休眠季马尾松林相关性也较大。

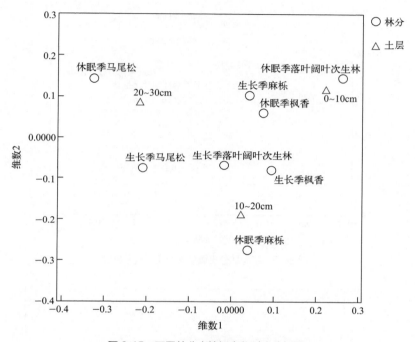

图 3-15　不同林分土壤钾变化对应分析图

　　土壤TP在林分维度上，生长季马尾松林和生长季次生林、休眠季次生林
土壤TP，休眠季枫香林和生长季次生林，休眠季麻栎林和休眠季枫香林土壤TP
差异均较小，土壤TP差异最大的是生长季马尾松林和生长季麻栎林（图3-16）。影
响土壤TP含量的土层因子中，表层土和生长季次生林相关性最大，和生长季枫
香林相关性最小；10～20cm土层和生长季麻栎林相关性大，和生长季枫香林相
关性最小；20～30cm土层和生长季枫香林相关性最大，和生长季马尾松林最小。

　　土壤AN对应分析图显示，在林分维度上，休眠季次生林和休眠季枫香
林，休眠季枫香林和生长季马尾松林差异最小，差异最大的是休眠季马尾松
林和休眠季麻栎林（图3-17）。在土层维度上，休眠季麻栎林和休眠季马尾松
林，休眠季枫香林和生长季麻栎林，生长季次生林和生长季枫香林土壤AN差
异均较小，差异最大的是休眠季马尾松林和休眠季次生林。并且，表层土和

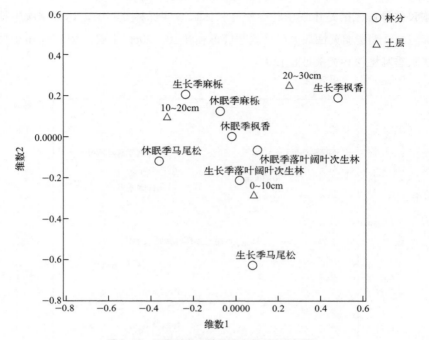

图 3-16　不同林分土壤总磷变化对应分析图

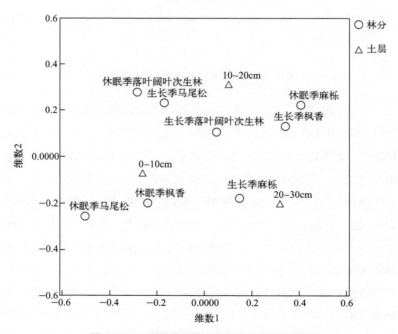

图 3-17　不同林分土壤铵态氮变化对应分析图

休眠季枫香林相关性最大，和休眠季麻栎林相关性最小；中层 10～20cm 土层和生长季次生林相关性最大，和休眠季马尾松林最小；底层 20～30cm 土层和生长季麻栎林相关性最大，和休眠季马尾松林相关性最小。

　　土壤 NN 对应分析图显示，在林分维度上，休眠季次生林和休眠季马尾松林、休眠季枫香林土壤 NN 值差异均较小，土壤 NN 差异最大的是生长季次生林和休眠季麻栎林（图 3-18）。在土层维度上，休眠季次生林和休眠季马尾松林、休眠季枫香林土壤 NN 差异均较小，在图上呈现团聚状，土壤 NN 差异最大的是休眠季次生林和生长季枫香林。表层土和生长季枫香林土壤 NN 相关性最大，和休眠季麻栎林相关性最小；10～20cm 土层和休眠季马尾松林土壤 NN 相关性最大，也是和休眠季麻栎林相关性最小；20～30cm 土层和休眠季麻栎林土壤 NN 相关性最大，和生长季次生林相关性最小。

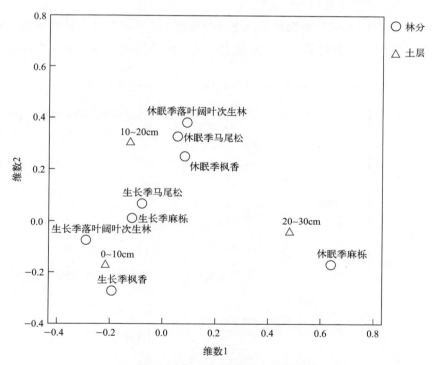

图 3-18　不同林分土壤硝态氮变化对应分析图

　　对应分析图显示，土壤 DOC 在林分维度上，生长季马尾松林和休眠季麻栎林差异性最小，生长季马尾松林和休眠季次生林差异性最大（图 3-19）。在土层维度上，生长季枫香林和休眠季枫香林土壤DOC差异性最小，差异最大的是休眠季枫香林和休眠季次生林。表层土和生长季枫香林土壤DOC相关性最大，和休眠季次生林相关性最低；10～20cm土层和休眠季麻栎林土壤DOC相关性最大，和休眠季枫香林相关性最低；20～30cm土层和生长季次生林土壤DOC相关性最大，和休眠季麻栎林相关性最小。土壤DON在林分维度上，生长季麻栎林和生长季次生林差异最小，最大的是生长季马尾松林和休眠季次生林（图3-20）。在土层维度上，生长季马尾松林和休眠季麻栎林土壤DON，生长季次生林和休眠季麻栎林土壤DON差异均较小，差异最大的是休眠季马尾松林和生长季次生林。20～30cm土层和休眠季枫香林相关性最大，和生长季马尾松林相关性最小；中层土和休眠季麻栎林土壤DON相关性最大，和生长季麻栎林相关性最小；表层土和生长季麻栎林土壤DON相关性最大，和休眠季次生林相关性最小。

土壤SOC对应分析图显示，在林分维度上，休眠季次生林和休眠季枫香林土壤SOC差异性最小，差异最大的是生长季马尾松林和生长季麻栎林

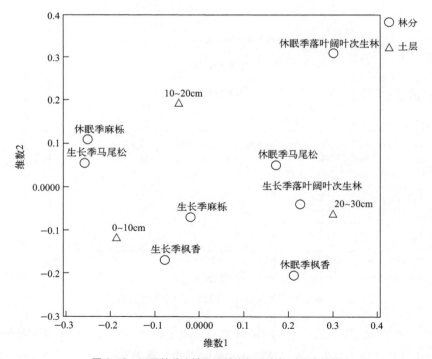

图 3-19 不同林分土壤可溶性有机碳变化对应分析图

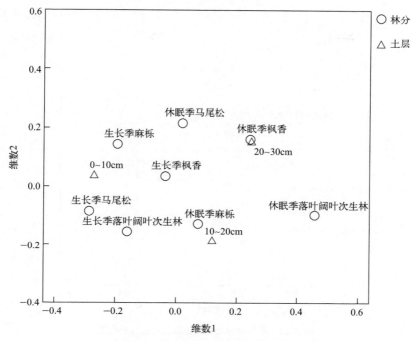

图 3-20　不同林分土壤可溶性有机氮变化对应分析图

（图3-21）。在土层维度上，休眠季麻栎林和生长季枫香林，生长季枫香林和生长季麻栎林之间的土壤SOC差异均较小，土壤SOC差异最大的是生长季马尾松林和休眠季次生林，综合可看出休眠季枫香林和休眠季次生林在林分和土层维度上差异都不大。表层土和生长季马尾松林土壤SOC相关性最大，和生长季麻栎林相关性最小；10～20cm土层和生长季麻栎林土壤SOC相关性最大，和生长季马尾松林相关性最小；20～30cm土层和休眠季马尾松林土壤SOC相关性最大，和生长季马尾松林相关性最小。

土壤TN含量均受到林分和土层影响，在林分维度上，休眠季枫香林和休眠季麻栎林土壤TN差异性最小，差异最大的是休眠季次生林和生长季枫香林。在土层深度上，也是休眠季枫香林和休眠季麻栎林土壤TN差异性最小，生长季马尾松林和休眠季次生林土壤TN差异最大（图3-22）。对应分析图显示，20～30cm土层和休眠季次生林土壤TN相关性最大，和生长季枫香林相关性最小；10～20cm土层和休眠季枫香林土壤TN相关性最大，和生长季枫香林相关性最小；表层土和生长季次生林土壤TN相关性最大，和休眠季次生林相关性最小。

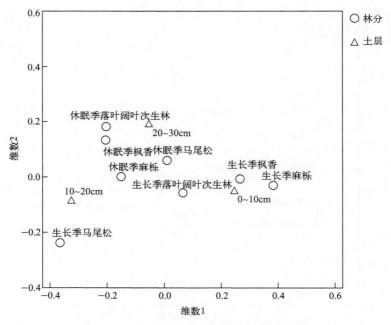

图 3-21　不同林分土壤有机碳变化对应分析图

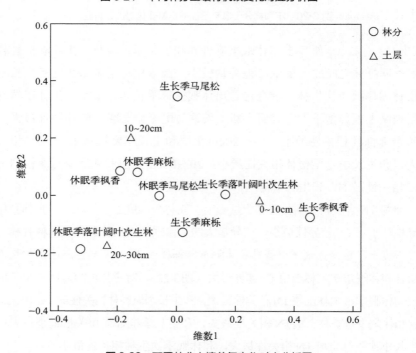

图 3-22　不同林分土壤总氮变化对应分析图

3.5　总结与分析

　　本章通过对蜀山城市森林公园4种林分土壤理化性质比较分析，发现各理化因子会随季节更迭和土层深度不同产生变化，并且各林分群落结构不同也会影响到土壤理化性质。

　　研究结果显示，4种林分土壤pH在生长季和休眠季均呈酸性，这和杨春雷等[201]、Chen等[202]研究结果一致，并且土壤pH值随土层加深逐渐升高，酸性会逐渐减小。此外，研究发现落叶阔叶次生林的土壤pH值高于另外3种人工林土壤，所以林分类型的不同会影响到林下土壤的酸碱度，这与蒋文伟等研究结论一致[5]。尤其是人工林土壤pH值低于天然林，显示人工造林和人类活动加速了土壤酸化，Zeng等[203]和Meng等[204]也发现了类似现象，即与天然林相比，人工林的土壤pH值会下降。ANOVA分析结果显示，生长季麻栎林土壤pH值在3个土层与其他林分都差异极显著（$P < 0.001$），而休眠季次生林土壤pH值与麻栎林、枫香林在3个土层均差异显著（$P < 0.001$）。所以，在生长季和休眠季，麻栎人工林土壤pH值均与次生林差异显著，并且麻栎林会导致土壤酸度更高。除受林分结构影响外，各林分土壤酸碱度的差异很大程度上与土壤微生物相互关联，在后面章节将对土壤微生物群落结构进行讨论。MANOVA分析结果显示，季节、林分和土层3个因素对土壤pH值影响都极为显著（$P < 0.001$），并且季节×林分交互作用也对土壤pH值产生极显著影响，Gruba等[205]也得出类似结果。

　　土壤含水率是土壤孔隙度状况及土壤持水能力的综合体现，4种林分中，马尾松林土壤含水率在生长季和休眠季都会随土层加深逐渐升高；麻栎林和枫香林则是先降后升；次生林在生长季是先降后升，在休眠季是逐渐升高，其中，马尾松林土壤含水率随土层深度变化幅度最大。结果说明不同土层深度的人工林土壤具有不同的持水能力[206]。不同林分土壤含水率的差异，与林下植被丰富度及截流能力、地表凋落物、土壤孔隙度、通透性和渗透性有直接关系[207]。并且，由于树种生物学特性和林分结构的不同，也会使林分的水源涵养效应存在一定的差异[25]，继而会影响到土壤含水率，这与张雷燕等研究结果一致[21]。此外，ANOVA分析结果显示，在生长季，次生林和麻栎林，枫香林和麻栎林在3个土层含水率均差异显著（$P < 0.05$），并且麻栎林土壤

含水率低于次生林，也低于枫香林。Guo等[208]研究降水和土壤水分对麻栎人工林特征影响时，也发现麻栎林土壤含水率会随时间推移，明显持续下降。

在生长季，除枫香林外，其他3种林分土壤EC随土层加深逐渐降低，麻栎人工林土壤EC远高于其他3种林分。相比次生林，马尾松人工林和枫香人工林均会导致土壤EC降低，麻栎人工林相反。在休眠季，马尾松林土壤EC在4种林分中最高，并且EC也呈现随土层加深逐渐降低趋势，Li等[209]在研究沿海地区不同季节、多土层耕地盐渍化的时候，也有类似的发现。从生长季转入休眠季，土壤EC呈现逐步降低趋势，这是因为温度变化会影响土壤的流体特性（如黏度），所以温度对土壤EC有很大影响[210]。其中在生长季，麻栎林和枫香林土壤EC值在3个土层均差异显著（$P < 0.001$）。此外，研究发现季节、土层、林分、季节×林分因素均对土壤EC影响极为显著（$P < 0.001$），这与Naik等研究结果一致[211]（表3-1）。

在土壤化学性质方面，生长季马尾松林、麻栎林和次生林，休眠季马尾松林、枫香林和次生林土壤钾含量均随土层加深呈上升趋势。生长季枫香林和休眠季麻栎林土壤钾随土层加深先增后降。在绝大部分林分中，土壤钾都是随土层深度增加呈递减趋势，具有"表聚性"[212,213]，然而，本章的结果却显示了与常规观察相反的趋势，即次生林和绝大部分人工林土壤钾含量随土层深度的增加而增加，这种观察到的逆向趋势需要对影响机制进一步研究。林分对土壤钾影响极为显著（$P < 0.001$），且生长季低于休眠季，很大程度上是因为在生长季，林木生长旺盛，钾作为一种重要的营养元素，被树木吸收利用。例如，Fromm等[214]在研究树木的木材形成与钾和钙营养的关系时，就发现钾对树木的新陈代谢和各种生理过程都至关重要，钾与木材的形成之间有明显的关联性。4种林分土壤全磷含量随土层加深呈现下降趋势，这与Akhtaruzzaman等[215]研究结果一致。而且生长季马尾松林、次生林土壤全磷在3个土层均高于休眠季，枫香林则是休眠季高于生长季，Tian等[216]也发现季节因素会影响土壤全磷含量。在生长季，马尾松林土壤全磷和枫香林在3个土层均差异显著（$P < 0.001$，$P=0.018$，$P=0.04$）。在休眠季，马尾松林土壤全磷和麻栎在3个土层均差异显著（$P < 0.001$，$P=0.018$，$P < 0.001$）。除枫香林、麻栎林外，其他2种林分土壤全磷在各土层均是生长季高于休眠季。Kieta等[217]也有类似发现，由于温度升高，磷被释放出来，使得每年春天土壤全磷会增加，秋天会减少。由于枯枝落叶分解释放的磷是决定土壤中磷含

量的主要来源[218]，所以枫香林土壤全磷在休眠季较高，有可能是因为枫香作为落叶树，其休眠季产生大量凋落物引起的。此外，研究发现季节、林分、土层、季节和林分双因素均对土壤全磷产生极显著影响，这与Lemanowicz研究结果一致[219]。

　　土壤DOC和DON含量对土壤生态系统的养分循环和生态过程具有重要影响。研究发现，在同一土层深度，DOC和DON均是生长季远高于休眠季，且呈现随土层加深逐渐降低趋势，这与Larsen等[220]研究结果一致。在生长季和休眠季，麻栎林土壤DOC与其他林分在3个土层均差异显著（$P < 0.05$），并且麻栎林土壤DOC值远高于另外3种林分，由于可溶性有机碳对土壤肥力和养分循环具有积极作用，这表明麻栎林可能有助于提高土壤质量和养分供给。生长季马尾松林土壤DON和麻栎林在3个土层均差异显著（$P < 0.05$），这与赵佳宝等[221]研究结果一致。在休眠季，次生林土壤DON和马尾松林在3个土层均差异极显著（$P=0.044$，$P < 0.001$，$P < 0.001$），并且马尾松林土壤DON最低。因为溶解性有机物成分DON可随土壤溶液移动，通常凋落物融入林地的速率及其降解为不同腐殖化程度产物的速率可能最终决定DON的生成速率，进而决定其在森林生态系统中的浓度和分布[222]，所以马尾松林具备一定的特殊性。季节、林分和土层对土壤DOC、DON影响，季节×林分交互作用对DOC影响都极为显著（$P < 0.001$），主要因为森林结构与环境变化均会影响到土壤中溶解有机物含量[223]。土壤DOC和DON在生长季普遍高于休眠季，主要原因在于随季节更迭至生长季，降雨丰沛，微生物活性加大，枯枝落叶、植物残体经淋溶带入土壤DOC和DON增多。整体上来说，土壤DOC和DON作为活性有机质，易于被土壤微生物分解，在提供森林养分方面起着极为重要的作用[224]；同时，由于在水中可溶，对森林土壤生态系统中土壤元素的生物地球化学循环有一定的影响[225]。

　　研究结果显示，土壤AN和NN基本都是生长季高于休眠季，并且随土层加深逐渐降低，这与许翠清等[226]研究结果一致。林分类型和季节动态对土壤矿质氮库及氮矿化速率均有显著影响，研究发现在生长季，次生林土壤AN与马尾松林、麻栎林在3个土层均差异极显著（$P < 0.001$），而且麻栎林土壤AN最高。在休眠季，次生林土壤AN与马尾松林、次生林土壤NN与麻栎林在3个土层均差异显著。肖好燕等[227]也有类似发现，在研究亚热带不同林分土壤矿质氮库及氮矿化速率的季节动态时，发现人工林土壤硝态氮含量显著

低于次生林。土层、林分都会对土壤AN和NN产生极显著影响，Cheng等[228]在研究氮沉积影响森林生态系统中土壤净氮转化和总氮转化时，发现森林生态系统的生产力在一定程度上取决于有机氮的周转和随后矿物氮（如NH_4^+和NO_3^-）的转化，土壤矿物氮浓度及其相对丰度受土壤中氮转化过程的控制，所以土层深度和林分类型是影响土壤氮转化过程的重要因素。

在生长季和休眠季，4种林分土壤有机碳和全氮含量均呈现随土层加深逐渐减小的趋势，这与范桥发等[229]的研究结果一致。大量研究已经证实，林分结构不同、植物群落演替、土层深度差异，都会影响到土壤中碳和氮元素含量[56,64,72,76]。生长季麻栎林土壤SOC与其他林分在3个土层均差异显著，并且麻栎林土壤SOC最高，并随土层加深逐渐降低，这与Deng等[230]在研究中国北亚热带麻栎林分土壤有机碳储量及其组分随林龄的变化特征时的研究结果一致。生长季次生林与枫香林土壤全氮，休眠季次生林与马尾松林土壤全氮在3个土层均差异显著（$P < 0.001$），且休眠季枫香林土壤TN在3个土层均最高，显示植被物种对土壤TN含量有一定的影响[231]。此外，土层、林分对土壤SOC影响，季节、土层和林分对土壤TN影响均极为显著（$P < 0.001$），显示土壤母质、地上植被、人为干扰等均会影响土壤性质[232]，这种影响对于确定恢复和增强生态系统服务的干预措施非常重要。

关联分析揭示了生长季和休眠季土壤各理化因子在林分和土层2个维度上的差异性大小和相关性大小，得出4种林分土壤理化因子变量之间的对应联系。这些研究结果对于森林生态系统的管理和保护具有重要意义，可以帮助林业工作者科学地了解土壤理化因子的差异性大小和对应关系，优化土地利用方式，提高土壤肥力和森林生态系统的生产力。

第 4 章

▲ ▲ ▲ ▲ ▲ ▲ ▲

不同林分土壤微
生物生物量特征

　　土壤微生物群落是森林生态系统中一种重要的生物群落，在生态系统的物质循环和能量流动中起着至关重要的作用，研究土壤微生物群落的变化特征对于维护森林生态系统稳定性和可持续发展具有重要意义。因为土壤微生物参与了土壤有机质分解、养分循环、植物生长和土壤结构的稳定等多个生态过程，所以土壤微生物生物量能够反映土壤健康状况和生态系统的稳定性，是土壤生态系统的重要指标之一[233]。通过研究土壤微生物生物量，可以深入探讨土壤生态系统的功能机制，揭示土壤微生物与生态系统的相互作用关系，为生态系统保护和管理提供科学依据。

4.1　不同林分土壤微生物碳氮特征

4.1.1　土壤微生物碳氮含量变化特征

　　在生长季0～10cm土层，马尾松林土壤MBC和MBN值均是最高，分别达到38.404mg/kg和12.518mg/kg，且MBC和MBN值随土层深度加深逐渐减小。马尾松林土壤样本中，MBC和MBN最高值均出现在表层土壤，达到134.985mg/kg和49.211mg/kg，最低值在底层土壤（20～30cm），分别是1.643mg/kg和1.224mg/kg（表4-1）。麻栎林中，土壤MBC和MBN也是随土层加深呈下降趋势，其中MBC和MBN最高值都是在表层土，最低值都在底层土，分别为32.284mg/kg和0.813mg/kg、14.984mg/kg和0.883mg/kg。

　　在生长季，枫香林土壤MBC值随土层加深逐渐减小，在3个土层分别是26.048mg/kg、7.907mg/kg和5.533mg/kg；枫香林土壤MBN值随土层加深先增后减，在3个土层分别是6.470mg/kg、8.641mg/kg和4.232g/kg（表4-1）。枫香林土壤样本中，MBC和MBN最高值和最低值分别在土壤表层和底层，MBC值

表 4-1　生长季 4 种林分土壤微生物碳氮含量变化特征

土层 /cm	林分	微生物碳 /(mg/kg)		微生物氮 /(mg/kg)	
		均值和方差	范围	均值和方差	范围
0~10	马尾松林	38.404±14.179b	17.153~134.985	12.518±5.436b	6.325~49.211
	麻栎林	13.329±7.024a	4.264~32.284	8.642±3.248b	3.718~14.984
	枫香林	26.048±12.906a	4.092-46.614	6.470±3.080a	0.988~13.041
	落叶阔叶次生林	26.459±17.326a	5.869~56.913	6.758±2.399a	3.580~12.764
10~20	马尾松林	30.765±15.660c	9.811~77.095	7.959±4.184ab	4.212~21.486
	麻栎林	6.145±3.318b	0.813~24.118	7.024±1.734b	4.791~10.732
	枫香林	7.907±3.210ab	3.129~16.158	8.641±2.135ab	5.489~12.411
	落叶阔叶次生林	17.046±10.519a	4.119~35.707	10.042±1.849a	7.649~14.130
20~30	马尾松林	19.119±13.989b	1.643~42.676	6.545±4.642b	1.224~21.004
	麻栎林	5.334±2.904a	0.342~11.863	3.452±1.079a	0.883~5.105
	枫香林	5.533±3.069a	0.433~10.972	4.232±1.859ab	0.197~7.164
	落叶阔叶次生林	14.068±10.536ab	3.655~36.129	3.807±1.762a	0.848~5.690

注：数字后面的字母 a、b 和 c 表示组间的差异的显著性（$P<0.05$），不同字母表示显著差异。

分别是46.614mg/kg和0.433mg/kg，MBN值分别是13.041mg/kg和0.197mg/kg。在生长季，次生林土壤MBC也是随土层加深逐渐降低，在3个土层分别是26.459mg/kg、17.046mg/kg和14.068mg/kg。次生林MBN呈现先升后降，在3个土层分别是6.758mg/kg、10.042mg/kg和3.807mg/kg。次生林土壤样本中，MBC最高值在表层土，为56.913mg/kg，最低值在底层土，为3.655mg/kg；MBN值最高值在10～20cm土层，为14.130mg/kg，最低值也在底层土，为0.848mg/kg。

在生长季3个土层，土壤MBC值按从高到低，依次都是马尾松林＞次生林＞枫香林＞麻栎林（表4-1）。在生长季0～10cm土层，土壤MBN按从高到低，依次是马尾松林＞麻栎林＞次生林＞枫香林；在10～20cm土层，依次是次生林＞枫香林＞马尾松林＞麻栎林；在20～30cm土层，依次是马尾松林＞枫香林＞次生林＞麻栎林。

在休眠季，马尾松林土壤MBC值和MBN值随土壤加深逐渐降低，土壤MBC值按土层依次26.888mg/kg、23.540mg/kg和20.536mg/kg，土壤MBN值依次是8.366mg/kg、5.642mg/kg和5.254mg/kg。土壤MBC值和土壤MBN值的最高值和最低值分别在表层土和中层土，为57.152mg/kg和3.940mg/kg，17.374mg/kg和2.197mg/kg（表4-2）。在休眠季，麻栎林土壤MBC和MBN具有一定的特殊性，随土壤加深逐渐升高，土壤MBC值按土层依次为22.134mg/kg、27.057mg/kg和27.217mg/kg，土壤MBN值依次是4.880mg/kg、6.106mg/kg和6.238mg/kg；MBC和MBN最高值均出现在中层土，分别是56.139mg/kg和11.768mg/kg，最低值均出现在表层土，分别是4.951mg/kg和1.492mg/kg。

在休眠季，枫香林和次生林土壤MBC值和MBN值都是随土层加深逐渐减小（表4-2）。枫香林土壤MBC值和MBN值按土层深度，依次是36.834mg/kg、34.444mg/kg和32.077mg/kg，13.949mg/kg、10.973mg/kg和9.051mg/kg。次生林土壤MBC值和MBN值按土层深度，依次是33.997mg/kg、21.908mg/kg和19.660mg/kg，13.317mg/kg、8.190mg/kg和6.464mg/kg。枫香林土壤样本中，MBC最高值为72.518g/kg，最低值为16.610mg/kg，MBN最高值是31.170mg/kg，最低值是5.526mg/kg。次生林土壤样本中，MBC最高值为69.618mg/kg，最低值为0.775mg/kg，MBN最高值34.564mg/kg，最低值为0.906mg/kg。

表 4-2　休眠季 4 种林分土壤微生物碳氮含量变化特征

土层 /cm	林分	微生物碳 /(mg/kg)		微生物氮 /(mg/kg)	
		均值和方差	范围	均值和方差	范围
0 ~ 10	马尾松林	26.888±15.006ab	0.416 ~ 57.152	8.366±4.506bc	1.933 ~ 17.374
	麻栎林	22.134±11.480b	4.951 ~ 41.299	4.880±2.062c	1.492 ~ 8.420
	枫香林	36.834±12.417a	22.515 ~ 60.200	13.949±6.224a	5.526 ~ 31.170
	落叶阔叶次生林	33.997±17.631ab	5.337 ~ 69.618	13.317±7.169ab	4.414 ~ 34.564
10 ~ 20	马尾松林	23.540±11.917ab	3.940 ~ 47.047	5.642±2.629a	2.197 ~ 12.031
	麻栎林	27.057±11.370ab	10.527 ~ 56.139	6.106±2.117a	3.395 ~ 11.768
	枫香林	34.444±13.639b	16.610 ~ 70.623	10.973±2.825b	5.587 ~ 15.239
	落叶阔叶次生林	21.908±12.796a	1.486 ~ 51.500	8.190±2.849a	3.107 ~ 14.639
20 ~ 30	马尾松林	20.536±10.330ab	6.463 ~ 41.629	5.254±2.400a	2.380 ~ 9.962
	麻栎林	27.217±13.872ab	12.357 ~ 55.496	6.238±1.829a	2.411 ~ 9.623
	枫香林	32.077±12.654b	17.758 ~ 72.518	9.051±2.105b	6.109 ~ 12.322
	落叶阔叶次生林	19.660±10.553a	0.775 ~ 41.513	6.464±2.031a	0.906 ~ 10.749

注：数字后面的字母 a、b 和 c 表示组间的显著性差异（$P<0.05$），不同字母表示显著差异。

　　在休眠季，0～10cm土层，MBC按从高到低，依次是枫香林＞次生林＞马尾松林＞麻栎林；10～20cm土层和20～30cm土层，依次是枫香林＞麻栎林＞马尾松林＞次生林（表4-2）。在0～10cm土层，MBN按从高到低，依次是枫香林＞次生林＞马尾松林＞麻栎林，10～20cm土层，依次是枫香林＞次生林＞麻栎林＞马尾松林，20～30cm土层依次是枫香林＞麻栎林＞次生林＞马尾松林。

　　把生长季和休眠季土壤MBC值和MBN值进行综合比较，发现枫香林和次生林休眠季基本高于生长季；马尾松林土壤MBC值和MBN值均是生长季高一些；麻栎林土壤MBC值是休眠季高，MBN值则是生长季高一些。

4.1.2　不同林分土壤微生物碳氮含量差异性分析

　　在生长季3个土层中，次生林和马尾松林之间土壤MBC值显著差异（$P<0.001$），而在休眠季则没有显著差异（图4-1）。在生长季10～20cm土层中，次生林与麻栎林和马尾松林之间观察到土壤MBC值显著差异，其中次生林与麻栎林之间差异极显著。在20～30cm土层中，次生林和3个人工林之间的土壤MBC值差异不显著（$P=0.781$，$P=0.062$，$P<0.072$）。就土壤MBN值而言，在生长季0～10cm土层中，次生林和马尾松林之间存在极显著差异，在10～20cm土层中，次生林和麻栎林之间存在显著差异（$P=0.0183$），在20～30cm土层中，次生林和马尾松林之间显著差异（$P=0.0453$）。在休眠季，在0～10cm土层中，次生林和麻栎林之间土壤MBN值有显著差异，在10～20cm和20～30cm土层中，次生林和枫香林之间显著差异（$P=0.0313$，$P=0.0082$）。

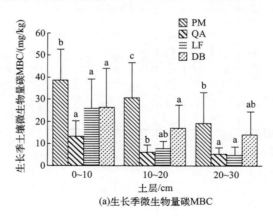

(a)生长季微生物量碳MBC

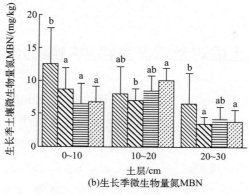

(b)生长季微生物量氮MBN

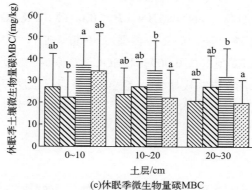

(c)休眠季微生物量碳MBC

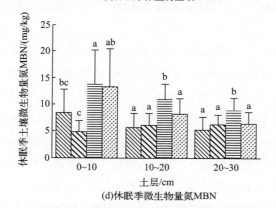

(d)休眠季微生物量氮MBN

图4-1　生长季和休眠季不同林分土壤微生物生物量碳和氮

PM—马尾松；QA—麻栎；LF—枫香；DB—落叶阔叶次生林
误差棒代表平均值标准偏差（SD）；条形图上方的字母a、b和c表示组间的显著性差异
（$P<0.05$），不同字母表示显著差异，后同

4.2   林分和土层对土壤微生物生物量的影响

MANOVA 结果显示，土层深度、林分类型及土层 × 林分交互作用均会对土壤理化性质以及生长季和休眠季的微生物生物量影响显著（表4-3）。在生长季，土层深度对 pH 值、SOC、TN、MBC 和 MBN 影响极显著（$P < 0.001$），而林分类型对 pH 值、EC 值、SWC、SOC、TN、TP、MBC 和 MBN 影响显著。土层 × 林分交互作用对 MBN 影响也极显著。在休眠季，土层深度对 pH 值、TN 和 MBN（$P < 0.001$）以及 SOC（$P=0.02$）和 TP（$P=0.003$）影响显著，而林分类型对 pH 值、TN、TP、MBC 和 MBN（$P < 0.001$）以及 EC 值（$P=0.009$）和 SOC（$P=0.041$）影响显著；土层 × 林分交互作用对 MBN 影响极显著。这些结果表明，土层深度和林分类型对土壤性质和养分循环方面具有重要影响，且这些影响在生长季和休眠季有所不同。

4.3   土壤理化性质与土壤微生物生物量的关系

在马尾松林中，土壤 MBC 与土壤 pH 值、TP、SOC 和 TN 之间存在显著正相关关系，与 EC 值负相关，其中土壤 MBC 值与 pH 值的相关系数为 0.48（$P<0.01$），与 EC 值的相关系数为 -0.43（$P=0.02$），而土壤 MBC 值与 SWC 值之间的相关性并不显著（图4-2）。此外，土壤 MBC 与土壤性质指标间的关联强度随季节不同而变化。在生长季，土壤 MBC 值和 pH 值之间的相关性较弱，但在休眠季节变得更强。相反，土壤 MBC 值和 TP 之间的相关性在生长季节最强，但在休眠季节较弱。除了 SWC（$P>0.05$），马尾松林土壤 MBN 与 pH 值、EC 值、TP、SOC 和 TN 之间相关性都显著（$P<0.05$ 或 $P<0.01$）（图4-3）。这表明，土壤 pH 值、EC 值、TP、SOC 和 TN 可能是影响研究地土壤 MBN 的重要因素。

表 4-3　林分类型和土层深度对土壤性质和微生物生物量的影响

因子	生长季						休眠季					
	土层深度		林分类型		土层 × 林分		土层深度		林分类型		土层 × 林分	
	F 值	P 值	F 值	P 值	F 值	P 值	F 值	P 值	F 值	P 值	F 值	P 值
pH 值	15.083	<0.001***	51.285	<0.001***	0.273	0.949	11.287	<0.001***	37.152	<0.001***	0.511	0.799
导电率	9.278	<0.001***	21.488	<0.001***	1.157	0.332	1.209	0.301	3.974	0.009**	0.794	0.576
含水率	1.169	0.313	12.743	<0.001***	0.671	0.673	1.100	0.335	0.864	0.461	0.975	0.444
土壤有机碳	40.639	<0.001***	7.727	<0.001***	1.363	0.232	4.028	0.02*	2.809	0.041*	0.823	0.554
总氮	39.668	<0.001***	17.1	<0.001***	1.493	0.183	15.212	<0.001***	31.807	<0.001***	0.198	0.977
全磷	2.874	0.059	42.426	<0.001***	1.117	0.354	6.206	0.003**	28.548	<0.001***	0.286	0.943
微生物碳	29.813	<0.001***	31.087	<0.001***	1.766	0.109	2.372	0.096	6.454	<0.001***	1.699	0.124
微生物氮	33.964	<0.001***	7.359	<0.001***	5.326	<0.001***	13.595	<0.001***	22.789	<0.001***	3.812	0.001***

注：表中，"***"代表非常显著，对应 $P < 0.001$，即非常显著，对应 P 值在 $0.001 \sim 0.01$ 之间，即高度显著；"**"代表高度显著，对应 P 值在 $0.001 \sim 0.01$ 之间，即高度显著；"*"代表显著，对应 P 值在 $0.01 \sim 0.05$ 之间，即显著。

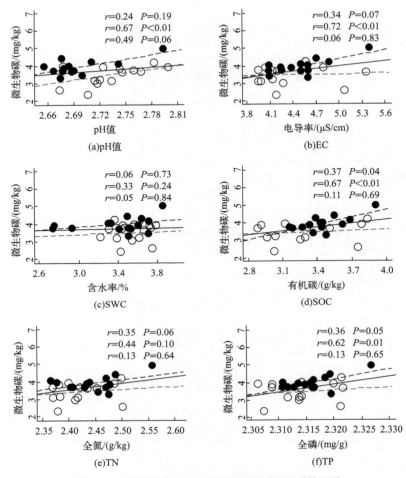

图 4-2　土壤理化性质与马尾松林土壤微生物碳线性关系

实线代表所有季节数据的回归线，虚线代表生长季数据回归线，灰色虚线代表休眠季数据回归线。空心圆圈代表生长季数据，实心圆圈代表休眠季数据。第一行的相关系数 r 和 P 值代表所有季节的数据，而第二和第三行分别代表生长季和休眠季数据，下同

　　在麻栎林中，土壤 pH 值和 EC 值是影响麻栎林土壤 MBC 的重要因素，土壤高 pH 值可能会促进微生物的活动，而高 EC 值可能会产生抑制效应（图 4-4）。土壤 SWC 是影响麻栎林土壤 MBC 值的一个关键因素，土壤 SWC 与 MBC 呈正相关，相关系数为 0.42（$P=0.02$）。而土壤 TP、SOC 和 TN 与麻栎林土壤 MBC 显示出弱或无相关性。在麻栎林中，土壤 pH 值与 MBN 呈正相关，

而 EC 值与 MBN 呈负相关。此外，土壤 SWC 与 MBN 也是正相关，而 TP、SOC 和 TN 与 MBN 显示出弱或无相关性（图 4-5）。

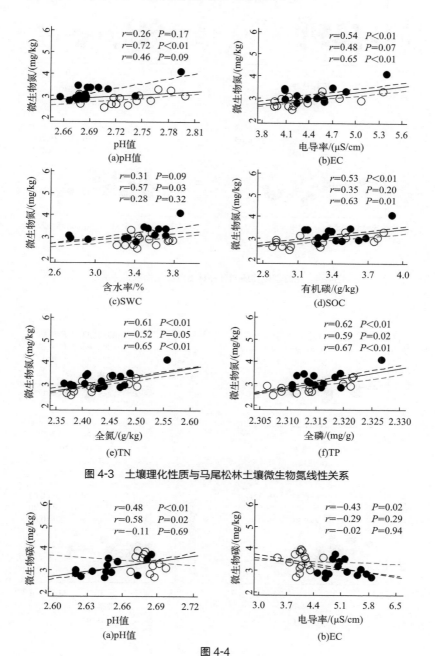

图 4-3　土壤理化性质与马尾松林土壤微生物氮线性关系

图 4-4

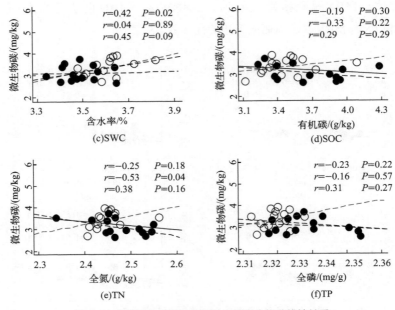

图 4-4 土壤理化性质与麻栎林土壤微生物碳线性关系

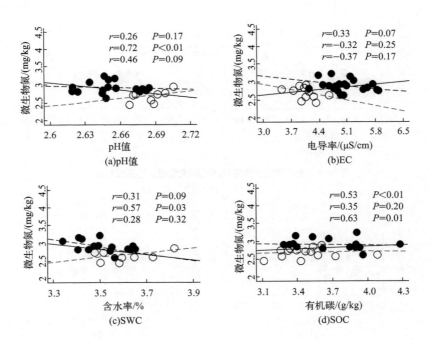

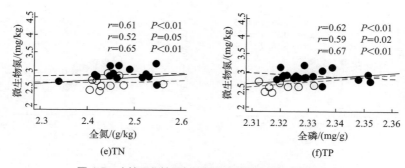

图 4-5　土壤理化性质与麻栎林土壤微生物氮线性关系

　　在枫香林中，土壤 pH 值与土壤 MBC 呈弱正相关关系，而土壤 EC 值与 MBC 值呈弱负相关关系，土壤 SWC 与 MBC 表现出强正相关关系。土壤 TP、SOC 和 TN 与 MBC 没有显示出显著相关性（图 4-6）。土壤 MBC 与 SWC 的相关性在生长季和休眠季均很显著，与土壤 pH 值、EC 值、TP、SOC 和 TN 的相关性在不同季节有所不同。土壤 MBN 与 EC 值呈强负相关关系（$r=-0.83$，$P<0.01$），土壤 EC 值可能在调节枫香林土壤 MBN 方面起着关键作用（图 4-7），而土壤 MBN 与 pH 值、SWC、TP、SOC 和 TN 之间没有显著相关性。

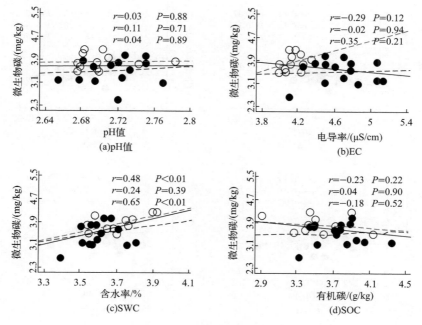

图 4-6

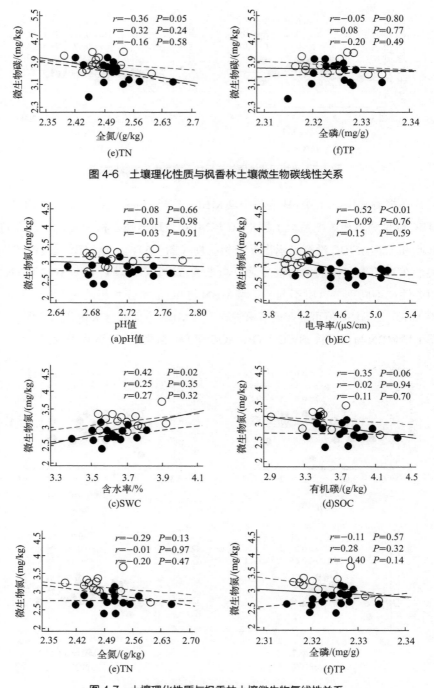

图 4-6　土壤理化性质与枫香林土壤微生物碳线性关系

图 4-7　土壤理化性质与枫香林土壤微生物氮线性关系

在次生林中，土壤MBC与土壤pH值、SWC、SOC和TN呈正相关，而土壤MBC与EC值、TP之间无显著相关性（图4-8）。其中，土壤MBC和pH值之间相关性最强，相关系数从0.32到0.57不等，土壤pH值是影响次生林微生物群落的重要因素。次生林土壤MBN与EC值呈强负相关（$r=-0.52$，$P<0.01$），与土壤pH值、SWC、TP、SOC和TN之间无显著相关性，表明在次生林中，土壤EC值可能在调控土壤MBN方面起关键作用（图4-9）。

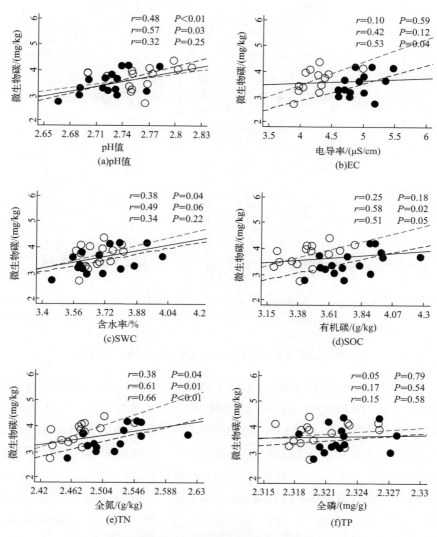

图 4-8　土壤理化性质与落叶阔叶次生林土壤微生物碳线性关系

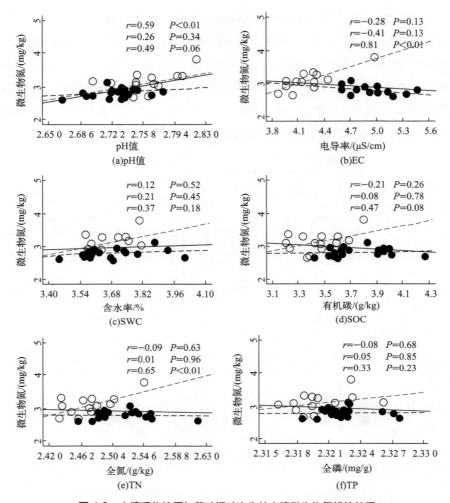

图 4-9 土壤理化性质与落叶阔叶次生林土壤微生物氮线性关系

　　冗余分析图（redundancy analysis，RDA）结果显示，生长季 SWC、pH 值、EC 值、TP 和 SOC 是影响土壤 MBC 和 MBN 的重要因素，其中 RDA1 轴和 RDA2 轴分别解释了 73.53% 和 3.99% 的变化（图 4-10）。运用 envfit 函数对这些解释变量进行显著性检验，结果显示其对土壤 MBC 和 MBN 有显著影响。休眠季 pH 值、TP 和 EC 值是影响土壤 MBC 和 MBN 的关键因素，其中 RDA1 轴和 RDA2 轴分别解释了 86.08% 和 6.31% 的变化。envfit 函数的显著性检验表明，pH 值、SWC、EC 值、TP、SOC 和 TN 这些解释变量对土壤 MBC 和 MBN 均有显著影响。

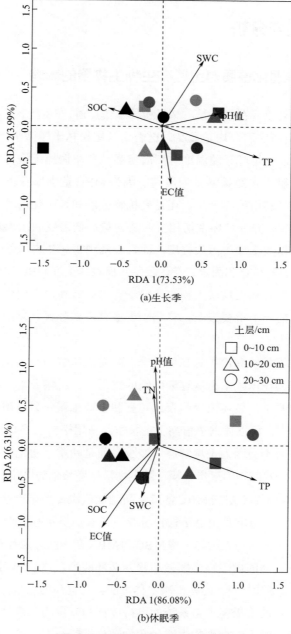

图 4-10　冗余分析（RDA）排序图

土壤理化性质变量的主要因素用箭头表示。图中符号由深到浅分别代表马尾松林 *Pinus massoniana*、麻栎林 *Quercus acutissima*、枫香林 *Liquidambar formosana*、落叶阔叶次生林

4.4　总结与分析

4.4.1　土壤理化性质对土壤微生物生物量的影响

　　研究结果显示，在生长季，马尾松林土壤MBC在3个土层，马尾松林土壤MBN在表层和底层，均是最高。这表明马尾松林土壤微生物在生长季时，随着气温升高，土壤呼吸随温度升高而增强，参与调控土壤养分循环以及有机物质转化的微生物数量增长为最高。因为MBC是土壤有机库中的活性成分，不仅是易于利用的养分库，还是有机物分解和N矿化的动力，与土壤中的C、N、P、S等养分循环密切相关，其含量高低可反映土壤耕作制度和土壤肥力的变化以及土壤的污染程度。而且在陆地森林生态系统氮循环中，微生物又主导了N的矿化和固定。在休眠季，枫香林土壤MBC和MBN在3个土层均是最高，枫香林土壤微生物在休眠季有机质较高，表明作为地上林木生长可利用养分的一个重要来源，有利于土壤有机质分解、腐殖质的形成，土壤养分转化和循环。

　　麻栎林、枫香林和次生林在生长季，随着土壤解冻后，土壤微生物量有减少趋势，因为在休眠季土壤逐渐冻结的过程中，土壤孔隙中冰晶的膨胀打破颗粒之间的联结，破坏土壤团聚体，有利于被土壤包裹吸附着的小分子物质提前释放出来，所以休眠季值高于生长季。马尾松林土壤有一定的特殊性，其土壤微生物量不会因为土壤解冻而减少，而是随季节更迭，气温升高，微生物活性加大，凋落物的逐步分解，微生物量呈增长趋势[234]。

　　在生长季，3个土层的MBC含量从高到低依次是马尾松林、次生林、枫香林和麻栎林，这可能是由群落物种组成和凋落物差异所造成的[235]。统计分析结果显示，次生林和人工林土壤MBC和MBN在一些土层存在显著性差异，次生林表现出更高的微生物生物量和营养循环能力，这与Li等和Senbayram等的研究结果一致[236,237]。此外，次生林可能具有更高的土壤养分循环和微生物生长能力，有助于提高生态系统的可持续性和复原力。森林管理实践应充分考虑森林类型对土壤微生物生物量和物理化学特征的影响，未来的研究应继续探索驱动这些差异性的基本机制，并制定有效的森林管理策略，以促进森林生态系统可持续发展。

4.4.2　不同林分和土层对土壤微生物生物量的影响

土层深度和林分类型均对土壤特性变化和养分循环方面有重要作用，对土壤 MBC 和 MBN 有显著性影响，这与以前的一些研究一致，即林分和土层对土壤性质和养分循环有一定的影响[238,239]。其中生长季马尾松林表层土壤和休眠季枫香林表层土壤，MBC 和 MBN 值均较高。土壤微生物生物量的含量越高，说明微生物群落的活性水平越高，因此可以在一定程度上反映生态系统的物质循环能力[240]。这表明森林管理实践中应考虑土层深度和林分类型的影响，以促进森林生态系统的可持续发展。这些研究将有助于更深入地了解森林生态系统中不同因素对土壤微生物生物量的影响，为森林生态系统管理和保护提供更加全面和深入的指导。但是，由于该研究是在特定的地理区域和环境条件下开展的，因此研究结果对其他生态系统的推广性可能有限。未来相关领域的研究应该在不同的地理和环境条件下进行，以进一步验证和扩展已有的发现。

4.4.3　土壤理化性质对土壤 MBC 和 MBN 的影响

在马尾松林中，土壤 MBC、MBN 与土壤 pH 值、EC 值、TP、SOC 和 TN 之间相关性显著，这与 Yuan 等[241]、Wen 等[242]研究结果一致。并且土壤 MBC 与土壤理化性质的关联强度随季节不同而变化，Lepcha 等[243]在研究土地利用、季节和土壤深度对土壤微生物生物量碳的影响时，也证实了这一点。在麻栎林中，土壤 MBC 和土壤 SWC、pH 值和 EC 值之间相关性显著，并且土壤 SWC 是影响麻栎林土壤 MBC 值的关键因素[244]，而土壤 TP、SOC 和 TN 与 MBC 的相关性较弱或无相关性[245,246]。在麻栎林中，土壤 pH 值、SWC 与 MBN 呈正相关，而 EC 值与 MBN 呈负相关，这与 Zhang 等[244]研究结果一致。本研究发现，在枫香林中，土壤 SWC 与 MBC 有强正相关关系，而土壤 EC 值可能在调控 MBN 方面起着关键作用，Panwar 等[247]也证实在分析土壤微生物量方面，EC 值是非常重要的化学参数。在次生林中，土壤 MBC 与土壤 pH 值、SWC、SOC 和 TN 呈正相关，且 pH 值相关性最强，也印证了土壤 pH 值是影响次生林微生物群落的重要因素[248]。次生林土壤 MBN 与 EC 值呈强负相关（$r=-0.52$，$P<0.01$），土壤 EC 值可能在调控土壤 MBN 值方面起关键作用[249]。

　　研究结果显示人工和次生林生态系统在土壤微生物生物量方面存在一定的差异。这表明，人工林中人类干预可能改变了森林生态系统中土壤性质和微生物量之间的关系。同时，土壤MBC和土壤属性之间的相关性随季节不同而变化，如马尾松林中，土壤MBC和pH值之间的相关性在生长季较弱，在休眠季变得更强，与TP则是在生长季最强，但在休眠季减弱。这些发现表明，在调查森林生态系统中土壤特性和微生物生物量之间的关系时，应充分考虑季节因素[250]。总的来说，土壤理化性质在森林生态系统中对土壤微生物生物量的调节起重要作用，而土壤属性和微生物生物量之间的具体关系随林分类型、采样季节和土层深度变化而变化。

第 5 章

▲ ▲ ▲ ▲ ▲ ▲

土壤微生物功能多样性及其影响机制

土壤微生物是森林生态系统的重要组成部分，是森林土壤中最活跃的部分。它们通过分解动植物残体为土壤生态系统提供养分，参与森林的物质循环和能量流动。作为连接植物和土壤的纽带，土壤微生物与地上生产力和植物地下微环境密切相关[251]。所以，土壤微生物群落结构和功能在森林生态系统中占据着重要的位置，其中土壤微生物功能的丰富程度直接影响着土壤健康和生态系统的稳定性。本章旨在探索不同林分的土壤微生物群落，在不同季节、不同土层对碳源利用的差异；分析不同林分土壤微生物群落功能多样性的特征；探究土壤微生物的代谢活动与群落多样性以及环境因素之间的关系。

5.1 不同林分土壤微生物的碳源利用特征

5.1.1 土壤微生物的碳源利用率

在生长季和休眠季，利用Biolog-ECO板，对土壤微生物进行连续7d的动态监测，通过颜色平均变化率（average well color development，AWCD），分析相应的土壤微生物对碳源的利用率。不同林分的土壤微生物AWCD值在不同土层的季节变化特征如图5-1所示，随培养时间的延长，AWCD逐渐升高，在培养24h后呈对数增长期，AWCD快速增长到第72小时时，变化速率最快，此时微生物代谢活性最为旺盛，Biolog-ECO板中的大量碳源被利用，第72小时以后至第168小时，逐渐AWCD峰值趋于平稳，增长速度逐渐放缓。

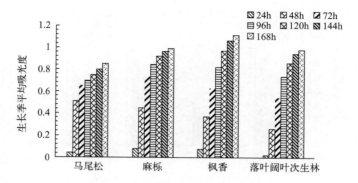

(a)生长季平均吸光度(土层0~10 cm)

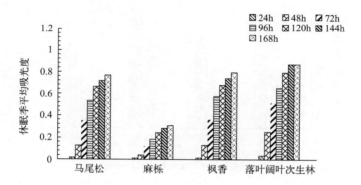

(b)休眠季平均吸光度(土层0~10 cm)

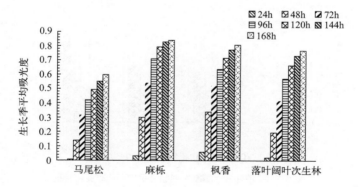

(c)生长季平均吸光度(土层10~20 cm)

图 5-1

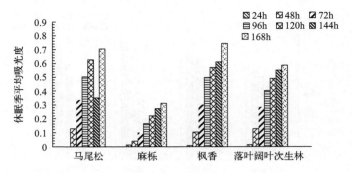

(d)休眠季平均吸光度(土层10~20 cm)

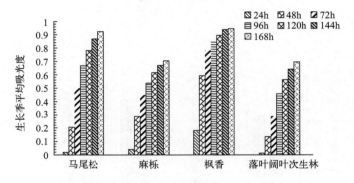

(e)生长季平均吸光度(土层20~30 cm)

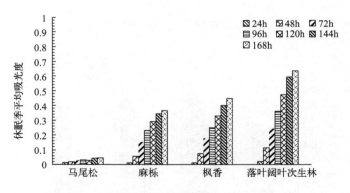

(f)休眠季平均吸光度(土层20~30 cm)

图 5-1　4 种林分土壤微生物颜色平均变化率变化特征

　　比较土壤微生物 AWCD 值变化，发现在同一林分同一土层，生长季土壤微生物活性明显高于休眠季；表层土壤微生物 AWCD 值明显高于中层和底层（图5-1，表5-1）。在生长季0～10cm土层，第一天24h观测，AWCD最高

的是麻栎林，最低的是次生林；到第 96 小时时，麻栎林土壤 AWCD 一直都是
最高。但次生林从第 72 小时后呈爆发式增长，到第 96 小时已经超过马尾松林
AWCD，后期几乎和麻栎林微生物 AWCD 值持平。枫香林土壤微生物 AWCD
到从第 120 小时到第 168 小时，一直是最高，第 168 小时最低的是马尾松林。

　　在生长季 10～20cm 土层，第一天（24h）AWCD 最高的是枫香林，而在
6d 观测时间内，马尾松林一直是最低值（图 5-1，表 5-1）。从第 72 小时开始，
麻栎林土壤微生物 AWCD 到第 168 小时时一直是最高。在生长季 20～30cm
土层，第 1 天 24h 的土壤微生物 AWCD 最高的是枫香林，此后 6d 一直都是最
高值；第 24 小时观测时最低的是次生林，此后 6d 在 4 种林分中也一直是最
低值。

　　在休眠季 0～10cm 土层，在第 1 天 24h 观测时，发现 AWCD 最高的是次
生林，最低的是麻栎林，此后 6d 一直如此；在第 24 小时时，马尾松林低于枫
香林，从第 48 小时开始，枫香林 AWCD 值超过马尾松林，此后 5d 一直都是枫
香林高于马尾松林（图 5-1，表 5-1）。

表5-1　4种林分土壤微生物颜色平均变化率动态变化

土层/cm	季节	林分	24h	48h	72h	96h	120h	144h	168h
0～10	生长季	PM	0.043	0.5102	0.6529	0.6995	0.7488	0.7994	0.8522
		QA	0.0779	0.4500	0.7327	0.8443	0.9196	0.9636	0.9908
		LF	0.0742	0.3724	0.629	0.8187	0.9714	1.0636	1.1142
		DB	0.0231	0.2611	0.5425	0.7345	0.8587	0.9446	0.9806
	休眠季	PM	0.0162	0.1293	0.3636	0.5509	0.686	0.7434	0.7993
		QA	0.0098	0.0402	0.123	0.1855	0.2529	0.2932	0.3237
		LF	0.0114	0.1331	0.3748	0.5945	0.7033	0.7667	0.8252
		DB	0.03440	0.2600	0.5356	0.6719	0.823	0.8983	0.9023
10～20	生长季	PM	0.0043	0.1380	0.3167	0.4210	0.4909	0.5503	0.5985
		QA	0.0315	0.3004	0.5410	0.7074	0.794	0.8275	0.8407
		LF	0.0578	0.3396	0.5222	0.6352	0.7132	0.7721	0.8085
		DB	0.0186	0.1966	0.4158	0.5699	0.6642	0.7328	0.7684

土层/cm	季节	林分	24h	48h	72h	96h	120h	144h	168h
10～20	休眠季	PM	0.0148	0.1318	0.3417	0.5098	0.6332	0.3566	0.7133
		QA	0.0103	0.0381	0.103	0.1667	0.2281	0.2793	0.3196
		LF	0.0066	0.1050	0.3063	0.5041	0.5786	0.6188	0.7556
		DB	0.0121	0.1309	0.2877	0.4079	0.4969	0.5570	0.5926
20～30	生长季	PM	0.0179	0.2067	0.5055	0.6698	0.7822	0.8702	0.9257
		QA	0.0445	0.2899	0.4540	0.5406	0.6183	0.6725	0.7077
		LF	0.1780	0.5950	0.7823	0.8476	0.8962	0.9374	0.9496
		DB	0.0106	0.1351	0.2951	0.4576	0.5656	0.6409	0.6955
	休眠季	PM	0.0116	0.0162	0.0274	0.0286	0.0279	0.0409	0.0436
		QA	0.0085	0.0553	0.1545	0.2314	0.2968	0.3496	0.3725
		LF	0.0091	0.0720	0.1722	0.2516	0.3353	0.4041	0.4516
		DB	0.0176	0.1132	0.2475	0.3663	0.4821	0.6007	0.6455

注：PM—马尾松林；QA—麻栎林；LF—枫香林；DB—落叶阔叶次生林。

在休眠季10～20cm土层，第24小时观测时，最高的是马尾松林，最低的是枫香林，但从第48小时开始，其他林分土壤的微生物活性加大，到第144小时以后，枫香林和次生林的微生物AWCD已经超过马尾松林（图5-1，表5-1）。枫香林土壤微生物活性从一开始最低，后期在第144小时猛增为最高。麻栎林土壤微生物AWCD一直处于较低水平，从第48小时开始始终是最低值。

在休眠季20～30cm土层，在第24小时观测时，AWCD最高的是次生林，最低的是麻栎林，此后6d次生林的AWCD一直高于另外3种林分，但麻栎林从第48小时开始，增长较为迅速，此后超过马尾松林（图5-1，表5-1）。从第48小时开始，马尾松林土壤微生物AWCD值一直是4种林分中最低的。

随培养时间增加，土壤微生物AWCD逐渐增加，显示土壤微生物活性在逐渐增加，第24小时至第72小时，AWCD增长最快，第72小时至第168小时，AWCD增长逐渐放缓，第168小时以后，AWCD趋于稳定。无论是在生长季，还是在休眠季，观测结果均显示马尾松林土壤微生物活性都具有一定的特殊性，相比其他3种林分，马尾松林体现出两个特点：一是活性低，二是增长慢。

5.1.2　土壤微生物对不同碳源的利用特征

Biolog-ECO板31种碳源共分为6大类，其中单糖\糖苷\聚合糖类7种、氨基酸类6种、酯类4种、醇类3种、胺类3种、酸类8种。在生长季0～10cm土层，马尾松林土壤微生物对6大类碳源利用率从高到低依次是酯类＞氨基酸类＞胺类＞醇类＞酸类＞糖类；麻栎林依次是氨基酸类＞酯类＞胺类＞酸类＞醇类＞糖类；枫香林依次是酯类＞胺类＞氨基酸类＞酸类＞醇类＞糖类；次生林依次是酯类＞氨基酸类＞胺类＞酸类＞醇类＞糖类（图5-2）。在生长季表层土壤，4种林分土壤微生物对酯类碳源的利用率都较高，分别达24.29%、21.45%、21.68%和23.96%，利用率最低的都是对糖类碳源，分别为10.64%、6.41%、11.29%和6.55%。

在生长季10～20cm土层，马尾松林土壤微生物对碳源的利用率依次是氨基酸类＞酯类＞胺类＞酸类＞醇类＞糖类；麻栎林土壤微生物对碳源利用同马尾松林一致；枫香林依次是酯类＞氨基酸类＞胺类＞酸类＞醇类＞糖类；次生林土壤微生物对碳源利用同枫香林一致（图5-2）。不同林分土壤微生物对酯类和氨基酸类碳源利用率都较高，对糖类碳源的利用率较低，分别只有5.43%、3.05%、9.06%和7.83%。

在生长季20～30cm土层，马尾松林土壤微生物对碳源利用率依次是酯类＞酸类＞氨基酸类＞胺类＞醇类＞糖类；麻栎林依次是氨基酸类＞胺类＞酯类＞酸类＞醇类＞糖类；枫香林依次是胺类＞醇类＞酯类＞糖类＞氨基酸类＞酸类；次生林依次是酯类＞胺类＞酸类＞氨基酸类＞醇类＞糖类（图5-2）。除了枫香林，其他3类林分底层土壤微生物都是对糖类碳源的利用率最低，分别是2.7%、5.33%和3.07%。枫香林底层土壤微生物对胺类碳源利用率最高，为18.96%；对酸类碳源利用率最低，为15.15%。

在休眠季0～10cm土层，马尾松林土壤微生物对不同碳源利用率依次是氨基酸类＞酯类＞胺类＞醇类＞酸类＞糖类；麻栎林依次是酯类＞氨基酸类＞醇类＞酸类＞胺类＞糖类；枫香林依次是酯类＞氨基酸类＞胺类＞酸类＞醇类＞糖类；次生林依次是胺类＞氨基酸类＞酯类＞酸类＞糖类＞醇类（图5-2）。除了次生林，其他3种林分土壤微生物都是对糖类碳源利用率最低，分别是

11.14%、2.16%和6.32%，且对氨基酸类和酯类碳源利用率较高。次生林对醇类利用率最低，为12.03%，对糖类碳源利用率也较低，为13.31%。

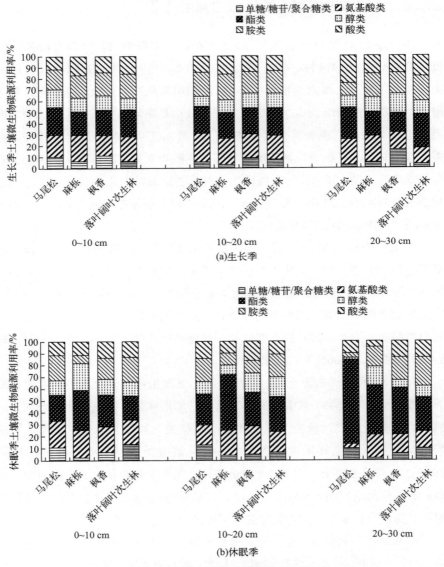

图5-2 4种林分土壤微生物群落碳源利用率

在休眠季10～20cm土层，马尾松林土壤微生物对碳源的利用率依次是酯类＞胺类＞氨基酸类＞酸类＞糖类＞醇类；麻栎林依次是酯类＞氨基酸类＞

胺类＞酸类＞醇类＞糖类；枫香林依次是酯类＞氨基酸类＞酸类＞醇类＞胺类＞糖类；次生林依次是酯类＞胺类＞氨基酸类＞醇类＞酸类＞糖类（图5-2）。除了马尾松林，其他3种林分土壤微生物都是对糖类碳源利用率较低，分别是3.75%、4.52%和6.26%，而对酯类碳源利用率最高，分别达25.84%、47.04%、28.24%和29.63%。

在休眠季20～30cm土层，马尾松林土壤微生物对碳源的利用率依次是酯类＞酸类＞糖类＞胺类＞氨基酸类＞醇类；麻栎林依次是酯类＞氨基酸类＞胺类＞醇类＞酸类＞糖类；枫香林依次是酯类＞胺类＞氨基酸类＞酸类＞醇类＞糖类；次生林依次是酯类＞胺类＞氨基酸类＞酸类＞醇类＞糖类（图5-2）。除了马尾松林，其他3种林分底层土壤微生物都是对糖类碳源利用率最低，分别是1.32%、5.73%和9.78%，马尾松林土壤微生物碳源利用率最低的是醇类，为1.73%。这4种林分20～30cm土层深度的微生物在休眠季都是对酯类利用率最高，分别达70.63%、41.02%、38.58%和27.87%。

4种林分土壤微生物对糖类利用率普遍较低，对胺类、酯类和氨基酸类碳源利用率普遍较高（图5-3～图5-5，书后另见彩图）。在生长季，0～10cm土层，麻栎林土壤微生物对糖类碳源利用率与另外3种林分差异显著（$P<0.05$）；10～20cm土层，马尾松林土壤微生物对醇类碳源利用率与另外3种林分差异显著（$P<0.05$）；20～30cm土层，麻栎林土壤微生物对酯类碳源利用率与另外3种林分差异显著（$P<0.05$）。在休眠季，0～10cm土层，次生林和麻栎林土壤微生物对糖类、氨基酸类、胺类、酸类碳源的利用率有显著性差异（$P<0.001$），次生林和马尾松林对酯类碳源的利用率差异性显著（$P<0.05$）。在休眠季中层和底层土壤，只有20～30cm土层次生林和麻栎林土壤微生物对糖类碳源的利用率差异性显著（$P<0.05$），其他对碳源的利用率没有显著性差异。

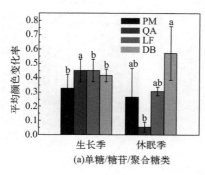

(a)单糖/糖苷/聚合糖类

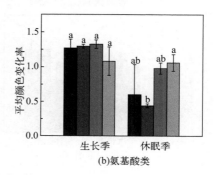

(b)氨基酸类

图 5-3

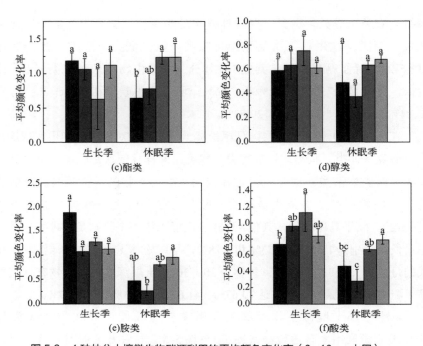

图 5-3　4 种林分土壤微生物碳源利用的平均颜色变化率（0~10cm 土层）

PM—马尾松林；QA—麻栎林；LF—枫香林；DB—天然落叶阔叶次生林

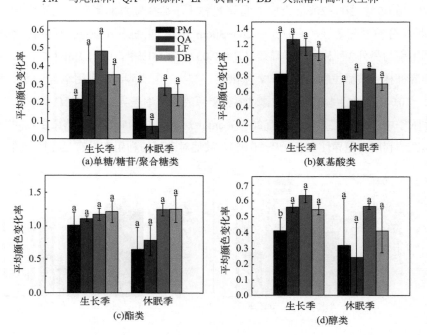

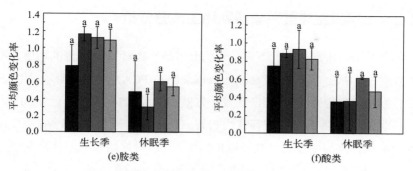

图 5-4　4 种林分土壤微生物碳源利用的平均颜色变化率（10～20cm 土层）

PM—马尾松林；QA—麻栎林；LF—枫香林；DB—天然落叶阔叶次生林

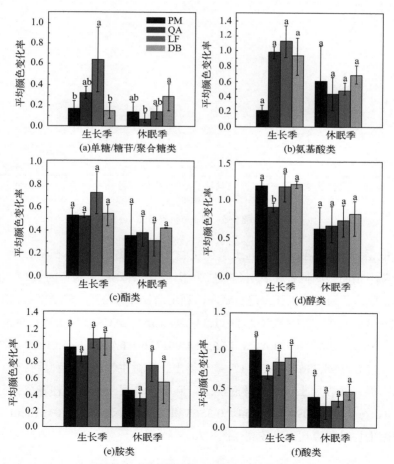

图 5-5　4 种林分土壤微生物碳源利用的平均颜色变化率（20～30cm 土层）

PM—马尾松林；QA—麻栎林；LF—枫香林；DB—天然落叶阔叶次生林

5.1.3　土壤微生物群落碳源利用主成分分析

　　不同季节、不同林分、不同土层的土壤微生物对31种碳源的利用各不相同，主成分分析法（principal component analysi，PCA）结果表明，在生长季，根据总方差解释结果，8个因子的累计方差贡献率达94.736%，远超80%，说明因子对31种碳源的变量解释能力极好（图5-6）。根据图5-6碎石图，前8个因子都在较陡的曲线上，故提取8个因子可以对原始数据的信息有较好的解释。

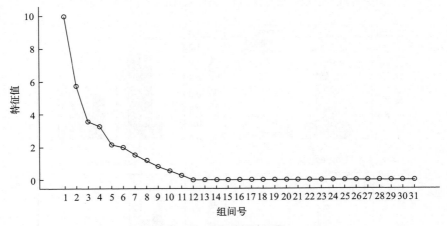

图5-6　因子分析碎石图

　　根据表5-2，各林分不同土层微生物，对碳源的利用率在8个因子上的得分各不相同，如枫香林表层和底层土壤，次生林底层土壤在因子1得分相对较高。根据各因子的累计方差贡献率，利用加权计算公式：$32.222/94.736 \times FAC1\_1 + 18.479/94.736 \times FAC2\_1 + 11.311/94.736 \times FAC3\_1 + 10.491/94.736 \times FAC4\_1 + 6.922/94.736 \times FAC5\_1 + 6.414/94.736 \times FAC6\_1 + 5.006/94.736 \times FAC7\_1 + 3.890/94.736 \times FAC8\_1$，最后得出土壤微生物的碳源利用得分。结果显示，枫香林表层土、枫香林底层土、麻栎林表层土和次生林表层土分值排在前4，分别是0.8091、0.7154、0.3563和0.1402，说明表层0～10cm土层的土壤微生物对碳源利用率较高（图5-7）。

表5-2　生长季土壤微生物碳源利用在各因子上的得分

林分	因子1	因子2	因子3	因子4	因子5	因子6	因子7	因子8
PM1	-0.8895	0.24002	2.53246	-1.2193	0.38603	-0.32129	-0.02583	0.53053
PM2	-0.4867	-1.6469	-0.7601	-0.52363	-0.12225	0.67211	-2.1818	0.52333
PM3	-0.2815	1.86808	-0.7321	-0.75862	-2.07296	-0.70992	-0.5788	0.18957
QA1	-0.1944	0.59019	0.06458	2.10712	-0.15983	1.12396	-0.22694	0.33729
QA2	-0.4676	-0.1223	-0.1518	1.11611	0.83988	-1.58257	0.43422	0.09964
QA3	-0.3177	-0.8049	-0.7073	0.39206	0.03828	-1.82355	0.41999	0.64799
LF1	1.7376	1.06229	-0.7754	-0.87822	1.72638	0.36216	0.01474	1.20084
LF2	-0.5426	-0.4409	-0.0850	0.03835	-0.80114	1.49243	1.87607	1.14486
LF3	2.3978	-0.8504	1.19723	0.51269	-1.14211	-0.28016	-0.1532	-0.5724
DB1	-0.5045	1.09169	0.27958	0.68496	0.82741	0.4753	-0.72471	-1.5752
DB2	-0.4658	-0.5396	0.04539	-0.39165	0.43998	0.36658	-0.04418	-0.5175
DB3	0.01514	-0.4470	-0.9073	-1.07987	0.04035	0.22497	1.19043	-2.0088

注：1是表层土壤0～10cm；2是中层土壤10～20cm；3是底层土壤20～30cm；PM是马尾松林；QA是麻栎林；LF是枫香林；DB是落叶阔叶次生林。

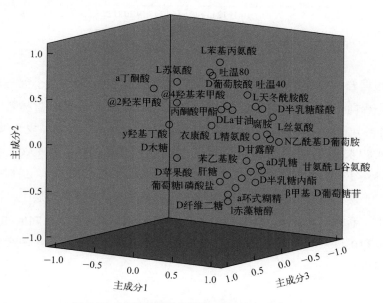

图5-7　生长季土壤微生物碳源利用率主成分分析

在休眠季，对4种林分3层土壤微生物对碳源利用的数据进行降维处理，根据总方差解释结果，提取出6个因子，累计方差贡献率达到89.435%，已超80%，说明因子对31种碳源的变量解释能力极好。根据图5-8碎石图，前6个因子都在较陡的曲线上，故提取6个因子可以对原始数据的信息有较好的解释。

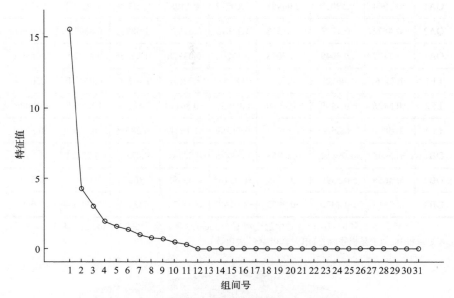

图 5-8　因子分析碎石图

根据表5-3，各个林分不同土层微生物对碳源的利用率在6个因子上的得分各不相同，如马尾松林表层土和中层土、麻栎林底层土和枫香林表层土在因子4得分相对较高。根据各个因子的累计方差贡献率，利用加权计算公式：50.144/89.435×FAC1_1+13.68/89.435×FAC2_1+9.651/89.435×FAC3_1+6.336/89.435×FAC4_1+5.15/89.435×FAC5_1+4.474/89.435×FAC6_1，最后得出各林分各土层土壤微生物碳源利用的得分。结果显示，枫香林表层土、次生林表层土、麻栎林表层土、枫香林中层土分值排在前4，分别是0.746、0.6724、0.6586和0.4332，说明其土壤微生物对碳源利用率最高，主要集中在土壤表层（图5-9）。

表5-3　休眠季土壤微生物碳源利用在各因子上得分

林分	因子 1	因子 2	因子 3	因子 4	因子 5	因子 6	因子 7	因子 8
PM1	0.97838	-0.0245	-0.10092	2.50689	0.78672	-0.21602	0.97838	-0.02453
PM2	0.36691	-0.8718	0.35280	0.78997	-1.49753	-0.85715	0.36691	-0.87184
PM3	-1.60966	-0.8529	-0.86392	-0.13310	-0.81336	-1.21966	-1.60966	-0.85291
QA1	-0.98011	0.2209	-0.47208	-0.00419	-0.33525	-0.42168	-0.98011	0.22091
QA2	-1.01121	0.0299	-0.68897	-0.19389	1.29148	0.72771	-1.01121	0.02994
QA3	-0.78324	1.2745	-0.10991	0.60033	0.90592	-0.03682	-0.78324	1.27459
LF1	0.84658	1.1748	0.21853	0.06405	-0.49961	0.37372	0.84658	1.17481
LF2	0.44293	1.8785	0.37923	-0.89198	-1.28900	-0.11945	0.44293	1.87856
LF3	-0.53302	-0.0799	0.30425	-0.51001	0.35058	1.4377	-0.53302	-0.07998
DB1	1.85196	-0.6596	-1.8987	-1.29193	0.64207	-0.38806	1.85196	-0.65963
DB2	0.23869	-0.6557	2.26866	-0.97237	1.30713	-1.28207	0.23869	-0.65574
DB3	0.19178	-1.4341	0.61103	0.03624	-0.84915	2.00178	0.19178	-1.43418

　　注：1是表层土壤0～10cm；2是中层土壤10～20cm；3是底层土壤20～30cm；PM是马尾松林；QA是麻栎林；LF是枫香林；DB是落叶阔叶次生林。

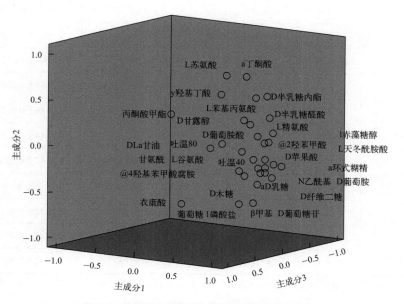

图 5-9　休眠季土壤微生物碳源利用率主成分分析

5.2   不同林分土壤微生物的功能多样性特征

5.2.1   土壤微生物功能多样性指数

利用土壤微生物功能多样性指数，McIntosh指数（U）、Shannon指数（H'）和Simpson指数（D）对不同林分土壤微生物进行功能多样性分析。结果显示，在生长季0～10cm土层，不同林分土壤微生物U指数在麻栎林最高，达4.6659，马尾松林最低，为4.1336，从高至低依次是麻栎林＞枫香林＞次生林＞马尾松林（表5-4）。H'指数同U指数结果一致，麻栎林最高，依次是麻栎林（3.1339）＞枫香林（3.1333）＞马尾松林（3.1045）＞次生林（2.993）。Simpson优势度指数则是麻栎林（0.9505）＞枫香林（0.9467）＞马尾松林（0.9466）＞次生林（0.9294）。在生长季0～10cm土层，4种林分土壤微生物功能多样性指数均无显著性差异。

表5-4   生长季4种林分土壤微生物多样性指数

土层/cm	林分	McIntosh指数（U）	Shannon指数（H'）	Simpson指数（D）
0～10	马尾松林	4.1336±1.7230a	3.1045±0.1893a	0.9467±0.0161a
	麻栎林	4.6659±2.1163a	3.1339±0.1727a	0.9505±0.0116a
	枫香林	4.5946±2.1924a	3.1333±0.2562a	0.9467±0.0198a
	次生林	4.2024±2.2434a	2.9493±0.4114a	0.9294±0.0535a
10～20	马尾松林	2.5842±1.4904a	2.8883±0.3568a	0.9284±0.0398a
	麻栎林	3.9888±1.9979a	3.0247±0.1794a	0.9446±0.0123a
	枫香林	3.7628±1.6843a	3.0358±0.2028a	0.9444±0.0159a
	次生林	3.2550±1.7903a	2.9840±0.3469a	0.9364±0.0365a
20～30	马尾松林	4.0723±2.3260a	2.9917±0.1038ab	0.9416±0.0095a
	麻栎林	3.3654±1.4870a	2.9626±0.2703ab	0.9382±0.0219a
	枫香林	4.6854±1.5137a	3.2072±0.1651a	0.9542±0.0123a
	次生林	2.8350±1.6957a	2.9094±0.3428b	0.9283±0.0426a

注：数字后面不同字母表示，在$P<0.05$的显著性水平下，各组之间的平均值存在显著差异。

在生长季10～20cm土层，4种林分土壤微生物U指数，从高到低依次是麻栎林（3.9888）＞枫香林（3.7628）＞次生林（3.255）＞马尾松林（2.5842）；H'指数是枫香林（3.0358）＞麻栎林（3.0247）＞次生林（2.984）＞马尾松林（2.8883）；D指数是麻栎林（0.9446）＞枫香林（0.9444）＞次生林（0.9364）＞马尾松林（0.9284）（表5-4）。马尾松林土壤微生物多样性指数较低，且4种林分的功能多样性指数无显著性差异。

在生长季20～30cm土层，土壤微生物U指数，从高到低依次是枫香林（4.6854）＞马尾松林（4.0723）＞麻栎林（3.3654）＞次生林（2.835）；H'指数是枫香林（3.2072）＞马尾松林（2.9917）＞麻栎林（2.9626）＞次生林（2.9094）；D指数是枫香林（0.9542）＞马尾松林（0.9416）＞麻栎林（0.9382）＞次生林（0.9283）（表5-4）。结果显示，枫香林土壤微生物功能多样性指数最高，次生林最低。其中，4种林分土壤微生物U指数和D指数均没有显著差异，H'指数只有次生林和枫香林差异性显著（$P=0.028$），其他差异均不显著。

在休眠季0～10cm土层，土壤微生物多样性指数显示，U指数从高到低依次是次生林（3.8692）＞枫香林（3.4463）＞马尾松林（3.2505）＞麻栎林（1.6537）；且麻栎林和次生林U指数差异显著（$P=0.034$），其他两两之间差异都不显著（表5-5）。土壤微生物H'指数也是次生林（3.0938）＞马尾松林（3.0112）＞枫香林（2.94）＞麻栎林（2.5816）；马尾松林和麻栎林H'指数差异极显著（$P=0.001$），马尾松林和枫香林及次生林差异均不显著（$P=0.539$，0.478）；麻栎林和次生林差异极显著；枫香林和次生林差异不显著（$P=0.191$）。土壤微生物D指数依次是次生林（0.9466）＞马尾松林（0.9368）＞枫香林（0.9286）＞麻栎林（0.8968），只有麻栎林和另外3种差异均显著（$P<0.05$），其他两两之间均差异不显著。

表5-5　休眠季4种林分土壤微生物多样性指数

土层/cm	林分	McIntosh指数（U）	Shannon指数（H'）	Simpson指数（D）
0～10	马尾松林	3.2505±1.9815ab	3.0112±0.2297a	0.9368±0.0254a
	麻栎林	1.6537±1.0428a	2.5816±0.1002b	0.8968±0.0194b
	枫香林	3.4463±2.1122ab	2.9400±0.2596a	0.9286±0.0307a
	次生林	3.8692±2.0070b	3.0938±0.2302a	0.9466±0.0173a

续表

土层 /cm	林分	McIntosh 指数 （U）	Shannon 指数 （H'）	Simpson 指数 （D）
10～20	马尾松林	2.7066±1.6217a	2.9864±0.2085a	0.9363±0.0230a
	麻栎林	1.5035±0.9101a	2.6227±0.2362b	0.8788±0.0703b
	枫香林	3.0896±1.8204a	2.8080±0.2882ab	0.9156±0.0493ab
	次生林	2.7033±1.5112a	2.8300±0.2603ab	0.9219±0.0343ab
20～30	马尾松林	0.3754±0.1826b	2.1783±0.3460c	0.8237±0.0563b
	麻栎林	2.0635±1.3228a	2.4827±0.1247b	0.8909±0.0153a
	枫香林	2.1024±1.2379a	2.6894±0.2481ab	0.9020±0.0390a
	次生林	2.6692±1.6585a	2.8801±0.1688a	0.9280±0.0223a

注：数字后面不同字母表示，在 $P<0.05$ 的显著性水平下各组之间的平均值存在显著差异。

在休眠季 10～20cm 土层，土壤微生物多样性指数显示，U 指数从高到低依次是枫香林（3.0896）＞马尾松林（2.7066）＞次生林（2.7033）＞麻栎林（1.5035）；并且 4 种林分的 U 指数均无显著差异（表 5-5）。H' 指数依次是马尾松林（2.9864）＞次生林（2.83）＞枫香林（2.808）＞麻栎林（2.6227）；马尾松林和麻栎林 H' 指数差异显著（$P=0.012$），其他两两之间差异不显著（表 5-5）。D 指数依次是马尾松林（0.9363）＞次生林（0.9219）＞枫香林（0.9156）＞麻栎林（0.8788），D 指数差异性分析结果也是马尾松林和麻栎林差异显著（$P=0.033$），其他两两间差异都不显著。

在休眠季 20～30cm 土层，土壤微生物多样性指数显示，U 指数依次是次生林（2.6692）＞枫香林（2.1024）＞麻栎林（2.0635）＞马尾松林（0.3754）；U 指数差异性比较结果显示马尾松林和其他 3 种林分土壤微生物差异均显著（$P<0.05$），其他两两间差异都不显著（表 5-5）。H' 指数依次是次生林（2.8801）＞枫香林（2.6894）＞麻栎林（2.4827）＞马尾松林（2.1783），马尾松林和另外 3 种林分的 H' 指数差异显著，尤其是和枫香林、次生林差异极显著（$P<0.001$）；枫香林和麻栎林、次生林差异均不显著（$P=0.116$，$P=0.146$）。D 指数依次是次生林（0.928）＞枫香林（0.902）＞麻栎林（0.8909）＞马尾松林（0.8237）；差异性分析结果显示马尾松林和另外 3

种林分 D 指数差异均极显著（$P < 0.001$）。

　　把生长季和休眠季土壤微生物多样性进行比对，生长季的土壤微生物功能多样性指数通常高于休眠季，生长季更有利于土壤微生物的生存和繁殖，且生长季土壤微生物功能多样性通常呈现随土层加深逐渐降低的趋势。休眠季马尾松林、枫香林和次生林土壤微生物功能多样性指数都是表层最高，随土层加深逐渐减小。休眠季麻栎林土壤微生物 U 指数则是在 20～30cm 土层最高，H' 指数在中层最高，D 指数也是在表层最高。

5.2.2　土壤理化性质对土壤微生物功能多样性指数的影响

　　利用皮尔逊相关性（r），对土壤微生物功能多样性指数与土壤各理化因子进行相关性分析。结果显示，在生长季，土壤微生物 D 指数和 EC 值呈显著性负相关关系（r=-0.619，P=0.032），土壤微生物 H' 指数和 EC 值呈显著负相关关系（r=-0.597，P=0.04），H' 指数和土壤 TP 值呈显著负相关关系（r=-0.642，P=0.025）（表5-6）。在休眠季，3 个土壤微生物功能多样性 U 指数、H' 指数和 D 指数与土壤 SWC、K、DOC、AN、NN 呈负相关，和土壤 pH 值、EC 值、DON、TP、SOC 和 TN 呈正相关。其中，土壤微生物 U 指数与土壤 TN 值呈显著性正相关关系（r=0.610，P=0.035），详见表5-7。

5.2.3　季节、林分和土层对土壤微生物多样性指数的影响

　　不同季节、林分差异和土层深度不同均会影响到土壤微生物群落的多样性指数。通过多元统计分析（MANOVA），结果显示季节、土层对不同林分土壤微生物的 McIntosh 指数（U）影响极显著（$P < 0.01$）。按照显著度从高到低，依次是季节×林分＞季节×土层×林分＞林分＞季节×土层＞土层×林分（表5-8）。

　　季节、土层、季节×林分交互因素，对土壤微生物 Shannon 指数（H'）影响都是极显著（$P < 0.001$）。季节×土层交互因素，季节×土层×林分交互因素对 H' 指数影响显著（F=6.14，P=0.003；F=3.352，P=0.004）。季节对 Simpson 指数（D）影响显著（$P < 0.001$）（表5-8）。土层、季节×土层交互因素，季节×林分交互因素，季节×土层×林分交互因素，对微生物 D 指数影响显著（F=6.569，P=0.002；F=5.189，P=0.007；F=5.425，P=0.001；F=3.922，P=0.001）。

表5-6 生长季土壤微生物多样性指数和土壤理化因子的相关分析

因子		pH值	EC值	SWC	K	DOC	DON	TP	AN	NN	SOC	TN
U指数	皮尔逊相关性 r	0.087	−0.434	−0.207	0.103	−0.088	−0.213	−0.448	0.168	−0.182	−0.092	0.249
	显著性（双尾）P	0.789	0.158	0.518	0.750	0.785	0.506	0.144	0.601	0.571	0.776	0.434
	个案数 N	12	12	12	12	12	12	12	12	12	12	12
H'指数	r	0.286	−0.597*	−0.089	0.213	−0.341	−0.310	−0.642*	−0.079	−0.259	−0.197	0.281
	P	0.367	0.040	0.783	0.506	0.279	0.327	0.025	0.807	0.416	0.540	0.375
	N	12	12	12	12	12	12	12	12	12	12	12
D指数	r	0.324	−0.619*	−0.050	0.261	−0.410	−0.282	−0.567	−0.181	−0.220	−0.150	0.205
	P	0.304	0.032	0.877	0.413	0.186	0.374	0.055	0.574	0.493	0.642	0.522
	N	12	12	12	12	12	12	12	12	12	12	12

注：U指数是McIntosh指数，H'指数是Shannon指数，D指数是Simpson指数。"*"代表显著，对应P值在0.01~0.05之间，即显著。

表5-7　休眠季土壤微生物多样性指数和土壤理化因子的相关分析

	因子	pH值	EC值	SWC	K	DOC	DON	TP	AN	NN	SOC	TN
U指数	皮尔逊相关性 r	0.163	0.307	-0.085	-0.072	-0.354	0.216	0.364	-0.106	-0.362	0.536	0.610*
	显著性（双尾） P	0.612	0.332	0.792	0.824	0.259	0.501	0.245	0.744	0.248	0.072	0.035
	个案数 N	12	12	12	12	12	12	12	12	12	12	12
H'指数	r	0.214	0.342	-0.097	-0.060	-0.277	0.239	0.233	-0.094	-0.347	0.436	0.487
	P	0.504	0.276	0.765	0.853	0.383	0.454	0.466	0.772	0.269	0.156	0.109
	N	12	12	12	12	12	12	12	12	12	12	12
D指数	r	0.170	0.279	-0.140	-0.148	-0.211	0.296	0.288	-0.102	-0.287	0.445	0.518
	P	0.597	0.380	0.665	0.645	0.510	0.350	0.364	0.753	0.366	0.148	0.084
	N	12	12	12	12	12	12	12	12	12	12	12

注：U指数是 McIntosh 指数，H'指数是 Shannon 指数，D指数是 Simpson 指数。"*" 代表显著，对应 P 值在 0.01~0.05 之间，即显著。

表5-8　季节、林分和土层对土壤微生物多样性指数的交互作用

因子	McIntosh 指数 (U)		Shannon 指数 (H')		Simpson 指数 (D)	
	F 值	P 值	F 值	P 值	F 值	P 值
季节	27.541	< 0.001***	48.124	< 0.001***	38.914	< 0.001***
土层	4.892	0.009**	9.446	< 0.001***	6.569	0.002**
林分	1.847	0.141	3.912	0.010*	2.751	0.045*
季节 × 土层	1.288	0.279	6.140	0.003*	5.189	0.007**
季节 × 林分	2.206	0.090	6.193	< 0.001***	5.425	0.002**
土层 × 林分	0.305	0.933	2.332	0.035*	2.588	0.020*
季节 × 土层 × 林分	1.824	0.098	3.352	0.004**	3.922	0.001**

注：表中，"***"代表非常显著，对应$P < 0.001$，即非常高度显著；"**"代表显著，对应P值在 0.001~0.01 之间，即高度显著；"*"代表显著，对应P值在 0.01~0.05 之间，即显著。

5.3　总结与分析

微生物是生态系统的重要组成部分，与外界环境交互作用主要是通过微生物群落代谢特征和功能多样性来实现的[252]。土壤微生物活性变化显示，第24小时至第168小时，代谢速率呈现"弱—强—弱"的趋势，这与一些已有的研究结果一致[253]。生长季土壤微生物活性显著高于休眠季，说明土壤微生物在生长季在能够快速分解凋落物并增加土壤活性。表层土壤微生物活性普遍明显高于深层土壤，说明随土层加深，有机质和水气条件变差，微生物数量减少，微生物利用碳源底物的能力减弱。

植被类型、土壤性质和采样季节不同，会导致土壤微生物在不同培养期对碳源利用有一定的差异。在休眠季表层土壤，7d 观测结果均是次生林土壤微生物活性最高；在休眠季 10~20cm 土层，马尾松林土壤微生物活性随时间逐渐降低，在24h时被枫香林和次生林超过；在休眠季 20~30cm 土层，马尾松林土壤微生物活性一直最低，次生林最高。研究结果证实：a.在休眠季，次生林群落土壤易于提高微生物活性；b.马尾松林土壤微生物活性较低；c.随土层加深，土壤有机质和水气环境变差，微生物活性迅速降低。

在生长季，马尾松林土壤微生物活性弱于其他 3 种林分，而枫香林土壤微生物活性较高。结合休眠季研究结果，马尾松林土壤微生物同样存在活性较低现象，一些研究已经证实针叶林凋落物分解缓慢，继而会影响土壤微生物的活性[238]。但是，究竟是马尾松根系分泌物引起土壤理化性质发生改变，导致微生物活性变差，还是凋落物在分解过程中抑制土壤微生物活性，抑或另有其他原因，还有待进一步探索研究。

通过对 31 种碳源利用率的比对，发现土壤微生物对糖类碳源的利用率普遍较低，这与 Zhang 等[239] 的研究结果一致，而酯类碳源和氨基酸类碳源相对来说更易被土壤微生物直接利用转化，提高土壤的代谢能力[245]。主成分分析（PCA）结果显示，在 0～10cm 土层，生长季和休眠季的土壤微生物均显示出较高的碳源利用率，因此，表层土壤微生物群落的组成和活性特征具有重要的研究价值[246]。

在休眠季，次生林土壤微生物 McIntosh 指数、Shannon 指数和 Simpson 指数最高，麻栎林最低，这与宋贤冲等[254] 研究结果一致，其证实次生林土壤微生物群落 Shannon 指数、Simpson 优势度指数和 McIntosh 指数均高于近自然经营的人工林。但是在生长季，麻栎林土壤微生物多样性指数在 3 个土层均高于次生林，其原因可能是在生长季，麻栎林具有较高的生物量积累和根系生长，为土壤微生物提供了更多的有机物质和根际分泌物作为营养来源，从而增加了土壤微生物的多样性[255]。在休眠季，麻栎林与次生林在表层土壤的微生物 McIntosh 指数、Shannon 指数和 Simpson 指数均存在差异性显著，分别是 $P=0.034$、$P<0.001$、$P=0.042$。在休眠季底层土壤，马尾松林与次生林的微生物 McIntosh 指数、Shannon 指数和 Simpson 指数也存在显著性差异（$P<0.05$）。这表明人工林会影响土壤微生物群落结构，改变了土壤微生物群落的丰富度、均匀度和多样性[256]。生长季的土壤微生物多样性指数普遍高于休眠季，这归因于生长季的土壤微生物具有更高的碳源代谢活性，为微生物的生长提供了一个有利的环境，最终增加了土壤微生物群落的多样性[250]。随土层加深，土壤微生物多样性指数呈现减小趋势，这与 Pan 等[257] 和 Frank-Fahle 等[258] 研究结果一致。

土壤微生物的活性和多样性与土壤理化性质相互关联[251]，土壤理化性质的任何改变都会影响微生物存在的微环境，继而影响土壤微生物群落的种类和活动[259]。研究结果表明，不同林分土壤微生物多样性与理化性质的相关性，在休眠季和生长季存在一定差异，整体上土壤EC、TN和TP在调节土壤微生物群落多样性方面起着关键作用，这些都证明了土壤环境的变化是影响土壤微生物群落多样性和组成的重要因素[260]。

多元统计分析（MANOVA）结果显示，季节、林分和土层3个因素中，季节是影响土壤微生物群落多样性指数的首要因素，表现为极显著，土层的影响也较大，这与Liang等[261]和Fu等[262]研究结果一致。为了更为全面和科学地掌握不同林分土壤间的微生物特征，本书第6章将利用现代分子生物学手段，探索具体4种林分土壤中微生物的物种、组成及群落结构差异性和关联性。

第 6 章

▲ ▲ ▲ ▲ ▲ ▲

不同林分土壤微生物群
落结构和功能基因谱及
其影响因素

　　土壤微生物包含细菌、真菌、古菌、放线菌、病毒等，其中土壤细菌
在土壤微生物中占据较大比重，在森林生态系统中是连接地上和地下两部
分的重要纽带，是连接养分和能量转换的桥梁，对森林生态系统的稳定发
展有着极其重要的作用[263,264]。利用现代分子生物学技术对土壤微生物进
行单菌分离到高通量测序，获取不同林分土壤微生物原核细胞核糖体小亚
基上编码核糖体16S rRNA分子对应的DNA序列，掌握不同环境因子下细
菌物种间的亲缘关系和差异性，研究环境因素对细菌群落组成和功能基因
谱的影响。

6.1　不同林分土壤细菌群落结构

6.1.1　土壤细菌群落 OTUs 组成

　　4种林分类型的土壤样品细菌库共包含2354794条优化序列，其中次生林
的序列数最高（641736），马尾松林的序列数最低（566208），次生林和人工
林之间的序列数量有显著差异（$P<0.001$）（表6-1）。对有效序列进行聚类分
析，结果显示土壤样品中OTUs总数为12739个，其中4种林分共享OTUs数
达到9571个。次生林包含12008个OTUs和10个独有OTUs。此外，次生林和
马尾松林、次生林和麻栎林、次生林和枫香林之间分别共有11204个、10864
个、11050个OTUs，而次生林和2个人工林（马尾松林，麻栎林）、（马尾松
林，枫香林）、（麻栎林，枫香林）之间分别共有10411个、10340个、9940个
OTUs（图6-1，书后另见彩图）。

表6-1　4种植被类型中土壤细菌序列数量的统计

林分类型		序列数量 / 个	序列平均值和标准偏差
人工林	马尾松林	566208	37747.20±10825.58c
	麻栎林	571996	38133.07±14321.19bc
	枫香林	574854	38323.60±11919.03b
落叶阔叶次生林		641736	42782.40±9460.51a

注：数字后面不同字母表示，在 $P<0.05$ 的显著性水平下，各组之间的平均值存在显著差异。

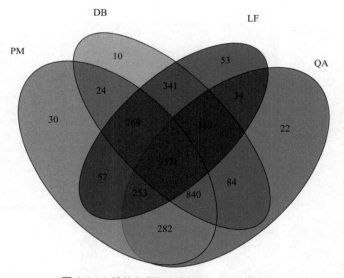

图 6-1　4 种林分类型土壤细菌 OTUs 维恩图

每个椭圆的非重叠部分的数字表示每组特有的编码序列的数量，共有的OTUs总数为9571个。
PM是马尾松林；QA是麻栎林；LF是枫香林；DB是落叶阔叶次生林

6.1.2　土壤细菌群落组成和丰度

（1）门水平上的组成与丰度

4种林分的土壤样品细菌群落，在细菌门类水平上，主要分为酸杆菌门（Acidobacteria）、变形杆菌门（Proteobacteria）、放线菌门（Actinobacteria）、拟杆菌门（Bacteroidetes）、绿弯菌门（Chloroflexi）、芽单胞菌门（Gemmatimonadetes）、疣微菌门（Verrucomicrobia）、厚壁菌门（Firmicutes）和其他门类。根据物种丰度值，酸杆菌门、变形杆菌门和放线菌门是丰度最高的3个门类（图6-2，书后另见彩图）。在马尾松林（PM）、麻栎林（QA）、枫香林（LF）和次生林（DB）中，这3个细菌门类分别占总相对丰度的78.3%、79.64%、75.96%和81.04%。与3种人工林相比，次生林土壤中的酸杆菌门相对丰度较高，此外次生林土壤变形杆菌门相对丰度也高于3个人工林，分别比马尾松林高1.82%、比麻栎林高2.77%，比枫香林高1.00%（表6-2）。

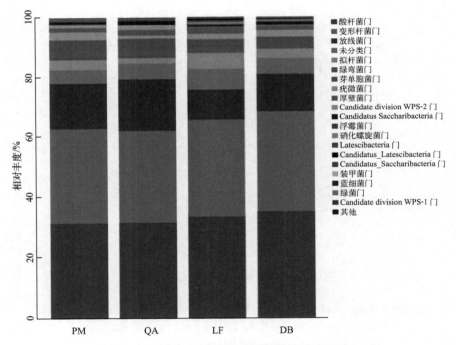

图 6-2　4 种林分土壤门水平细菌群落相对丰度条形图

相对丰度是根据每种林分土壤样品的15个生物重复的平均值来确定的。
聚类分析的条形图是在细菌门水平上绘制的

在马尾松林各样地中，土壤酸杆菌门丰度分别是34.82%、30.71%和28.59%，变形菌门丰度是32.11%、29.73%和32.74%，放线菌门丰度是13%、16.1%和17.11%。麻栎林各样地的土壤酸杆菌门丰度分别是29.61%、33.18%

和 32.16%，变形菌门丰度是 30.14%、32.78% 和 28.83%，放线菌门丰度是 16.91%、17.26% 和 18.04%。次生林酸杆菌门丰度分别是 35.36%、33.63% 和 36.27%，变形菌门丰度分别是 34.08%、33.87% 和 32.09%，放线菌门丰度分别是 13.97%、10.09% 和 13.77%。枫香林土壤酸杆菌丰度分别是 33.05%、32.3% 和 35.16%，变形菌门丰度分别是 31.83%、33.46% 和 31.77%，放线菌门丰度分别是 7.81%、12.24% 和 10.27%（表6-2）。

在相对丰度较高的土壤细菌门类中，麻栎林土壤放线菌门、疣微菌门、Candidate division WPS-2 门、硝化螺旋菌门、Latescibacteria 门、Candidatus_Saccharibacteria 门与次生林；枫香林土壤拟杆菌门、Candidatus_Latescibacteria 门与次生林；马尾松林、麻栎林土壤 Candidate division WPS-1 门与次生林均差异性显著（$P \leqslant 0.05$）（表6-2）。

表6-2　4种林分门水平主要细菌群落相对丰度百分比（%）

系统发育群	林分类型			
	人工林			次生林
门	PM	QA	LF	DB
酸杆菌门	31.37±6.13a	31.65±5.25a	33.51±3.77a	35.09±5.17a
变形杆菌门	31.53±5.47a	30.58±3.99a	32.35±3.76a	33.35±3.99a
放线菌门	15.40±5.32bc	17.40±4.38c	10.11±3.28a	12.61±4.45ab
未分类门	4.42±1.01b	5.10±1.05b	6.91±1.89a	5.18±2.71ab
拟杆菌门	3.41±2.71ab	1.97±1.22a	5.28±2.75b	3.10±1.21a
绿弯菌门	3.73±1.90a	3.72±3.65a	2.17±0.70a	2.08±0.55a
芽单胞菌门	2.86±1.25a	2.66±1.24a	2.46±0.53a	1.98±0.89a
疣微菌门	2.59±1.50a	1.06±0.53b	1.77±0.65ab	2.21±1.06a
厚壁菌门	1.36±0.73a	1.77±1.07a	2.14±0.85a	1.37±0.66a
Candidate division WPS-2 门	1.18±1.55ab	1.75±1.68b	0.17±0.49a	0.36±0.42a
Candidatus Saccharibacteria 门	0.74±0.43ab	1.17±0.45b	0.46±0.43a	0.86±0.51ab

续表

系统发育群	林分类型			
	人工林			次生林
门	PM	QA	LF	DB
浮霉菌门	0.36±0.17a	0.31±0.16a	0.42±0.18a	0.39±0.17a
硝化螺旋菌门	0.16±0.22bc	0.05±0.08c	0.61±0.36a	0.36±0.32ab
Latescibacteria 门	0.11±0.19bc	0.02±0.07c	0.61±0.30a	0.37±0.58ab
Candidatus_ Latescibacteria 门	0.06±0.09a	0.07±0.23a	0.53±0.32b	0.21±0.31a
Candidatus_ Saccharibacteria 门	0.12±0.09a	0.23±0.10b	0.08±0.10a	0.13±0.08a
装甲菌门	0.16±0.08b	0.14±0.06ab	0.08±0.03a	0.11±0.05ab
蓝细菌门	0.07±0.05a	0.11±0.06a	0.09±0.12a	0.07±0.05a
绿菌门	0.09±0.07a	0.07±0.04a	0.08±0.08a	0.07±0.05a
Candidate division WPS-1 门	0.18±0.09a	0.06±0.05ab	0.03±0.01bc	0.02±0.02c
其他	0.10±0.01a	0.11±0.01a	0.14±0.01a	0.08±0.01a

注：数字后面不同字母表示，在 $P<0.05$ 的显著性水平下，各组之间的平均值存在显著差异。

（2）属水平上的组成与丰度

在相对丰度较高的主要细菌属中，Gp6 属相对丰度最高值是在枫香林土壤，为9.31%，最低值是次生林土壤，为2.58%［图6-3（书后另见彩图），表6-3］。Gp1 属丰度最高值在麻栎林，为6.48%，最低值在枫香林，为1.86%。*Acidobacteria*_Gp1_unclassified 属丰度最高值在麻栎林，为8.36%，最低值在枫香林地，为1.53%。Gp2 属丰度最高值在次生林，为5.73%，最低值在枫香林，为2.43%。未分类放线菌属 *Actinomycetales*_unclassified 丰度最高值在麻栎林，为5.98%，最低值在枫香林，为1.86%。未分类 β 变形杆菌属 *Betaproteobacteria*_unclassified 丰度最高值在枫香林，为4.94%，最低值在麻栎林，为2.54%。未分类 α 变形杆菌属 *Alphaproteobacteria*_unclassified 丰度最高值在麻栎林，为4.59%，最低值在枫香林，为2.48%。Gp3属丰度最高值在次生林，为3.24%，最低值在枫香林地，为2.06%。未分类红螺菌属 *Rhodospirillales*_unclassified丰度最高值在麻栎林，为3.02%，最低值在枫香林，为1.48%。

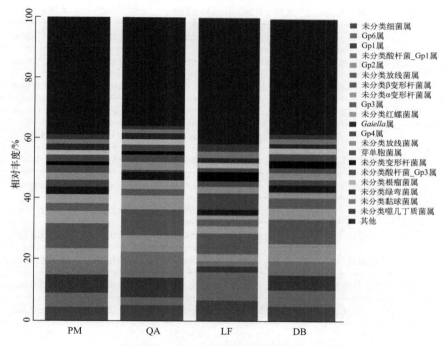

图 6-3　4 种林分土壤属水平细菌群落相对丰度条形图

相对丰度是根据每种林分土壤样品的15个生物重复的平均值来确定的。
聚类分析的条形图是在细菌门水平上绘制的

表6-3　4种林分属水平主要细菌群落相对丰度百分比（%）

系统发育群	林分类型			
	人工林			次生林
属	PM	QA	LF	DB
未分类细菌属	4.42±0.28a	5.10±0.86a	6.91±0.98a	5.18±1.87a
Gp6	4.64±1.24b	2.58±1.52b	9.31±2.19a	5.38±0.53ab
Gp1	6.02±2.07ab	6.48±1.38a	1.86±1.25b	4.88±1.24ab

续表

系统发育群	林分类型			
	人工林			次生林
属	PM	QA	LF	DB
未分类酸杆菌_Gp1	4.54±1.24b	8.36±1.55a	1.53±0.65b	4.55±1.27b
Gp2	3.91±1.08a	5.43±2.21a	2.43±1.55a	5.73±1.91a
未分类放线菌属	4.92±0.49a	5.98±0.62a	1.86±1.09b	3.70±0.93ab
未分类β变形杆菌属	3.36±0.63ab	2.54±0.98b	4.94±0.46a	4.39±0.36ab
未分类α变形杆菌属	4.06±0.03ab	4.59±0.67a	2.48±0.99b	3.65±0.34ab
Gp3	2.48±0.05a	2.16±0.33a	2.06±1.03a	3.24±0.41a
未分类红螺菌属	3.00±0.15a	3.02±0.71a	1.48±0.49b	2.11±0.34ab
Gaiella	2.60±0.58a	2.61±0.56a	1.88±0.60a	2.37±0.59a
Gp4	2.27±1.59a	0.59±0.16b	5.35±1.59a	1.80±1.18a
未分类放线菌属	2.27±0.21a	2.66±0.08a	2.24±0.37a	2.24±0.22a
芽单胞菌属	2.45±0.48a	2.42±0.82a	1.80±0.29a	1.57±0.13a
未分类变形杆菌属	1.27±0.14b	1.16±0.15b	3.01±0.36a	2.34±0.30a
未分类酸杆菌_Gp3	2.16±0.32ab	2.13±0.26ab	1.24±0.34b	2.27±0.44a
未分类根瘤菌属	1.57±0.19a	1.92±0.24a	1.79±0.44a	1.96±0.16a
未分类绿弯菌属	2.11±0.48a	2.13±0.66a	1.52±0.07a	1.41±0.25a
未分类黏球菌属	1.51±0.25ab	1.21±0.37b	2.16±0.11a	1.74±0.28ab
未分类噬几丁质菌属	1.72±0.07ab	1.14±0.34b	2.46±0.49a	1.50±0.43ab
其他	38.73±1.21a	38.46±2.55a	41.69±3.45a	37.98±3.18a

注：数字后面不同字母表示，在 $P<0.05$ 的显著性水平下，各组之间的平均值存在显著差异。

Gaiella 属丰度最高值在麻栎林，为 2.61%，最低值在枫香林，为 1.88%。Gp4 属丰度最高值在枫香林，为 5.35%，最低值在麻栎林，为 0.59%。未分类放线菌属 *Actinobacteria*_unclassified 丰度最高值在麻栎林地，为 2.66%，最低值在枫香林，为 2.24%。芽单胞菌属 *Gemmatimonas* 丰度最高值在马

尾松林地，为2.45%，最低值在次生林地，为1.57%。未分类变形杆菌属 *Proteobacteria*_unclassified 丰度最高值在枫香林，为3.01%，最低值在麻栎林，为1.16%。

未分类酸杆菌_Gp3属 *Acidobacteria*_Gp3_unclassified 丰度最高值在次生林地，为2.27%，最低值在枫香林，为1.24%。未分类根瘤菌属 *Rhizobiales*_unclassified 丰度最高值在次生林，为1.96%，最低值在马尾松林，为1.57%。未分类绿弯菌属 *Chloroflexi*_unclassified 丰度最高值在麻栎林，为2.13%，最低值在次生林，为1.41%。未分类黏球菌属 *Myxococcales*_unclassified 丰度最高值在枫香林，为2.16%，最低值在麻栎林，为1.21%。未分类噬几丁质菌属 *Chitinophagaceae*_unclassified 丰度最高值在枫香林，为2.46%，最低值在麻栎林，为1.14%。

在相对丰度较高的土壤细菌属类，大量细菌属未分类（如 *Acidobacteria*_Gp1_unclassified、*Actinomycetales*_unclassified、*Betaproteobacteria*_unclassified、*Alphaproteobacteria*_unclassified 等）。方差分析结果显示，麻栎林土壤未分类酸杆菌_Gp1属与次生林；马尾松林、麻栎林土壤未分类变形杆菌属与次生林；枫香林土壤未分类酸杆菌_Gp3属与次生林差异显著（$P \leqslant 0.05$）（表6-3）。

6.2　不同林分土壤细菌群落多样性

6.2.1　土壤细菌群落的 Alpha 多样性分析

Alpha 多样性[265] 是指一个特定环境或生态系统内的多样性，主要用来反映物种丰富度和均匀度以及测序深度。本章采用3个常用的 Alpha 多样性指数进行分析：Observed species 指数（O），Chao1 指数（S_1），Shannon 指数（H'）。以 OTU 作为分类单元，Observed species 指数表示该样品中含有的 OTUs 数目，Chao1 指数表示估算样品中 OTU 的数目，Observed species 和 Chao1 指数越高表明样品物种丰富度越高。Shannon 指数越高表明物种多样性越高。样品 OTUs 数目越多，OTUs 分布越均匀，多样性指数越高，则指示群落多样性越高。其中 Observed species 指数表示样品中含有的物种数目，即样本中的

OTUs 数目。

对每个土壤样品中细菌的相对丰度进行量化[266]，通过计算 Z 值对归一化数据进行降维处理，计算公式如下：

$$Z_{\text{sample-}i} = \frac{\log_2(\text{signal sample - }i) - \text{Mean}[\log_2(\text{signal}) \text{ of all samples}]}{\text{Standard devitaion}[\log_2(\text{signal}) \text{ of all samples}]} \quad (6\text{-}1)$$

式中　　　　　　　　　　$\log_2$（signal sample）——对每个样本的相对表达进行 $\log_2$ 处理；

Mean［$\log_2$（signal）of all samples］——所有样品经 $\log_2$ 处理后相对表达量的平均值计算；

Standard deviation［$\log_2$（signal）of all samples］——$\log_2$ 处理后所有样本的相对表达水平的标准差。

使用 QIME[267] 计算基于 OTUs 的细菌生物多样性指数。Shannon 指数（H'）[268] 和 Chao1 指数（S_1），计算如下：

$$H' = -\sum_{i=1}^{s} P_i \times \ln(P_i) \quad (6\text{-}2)$$

$$S_1 = S_{\text{obs}} + \frac{F_1^2}{2F_2} \quad (6\text{-}3)$$

式中　S——观察到的 OTUs 总数；

P_i——第 i 个 OTU 在整个群落中的相对丰度；

S_{obs}——观察到的物种数；

F_1——含 1 个读数的 OTUs 数；

F_2——含 2 个读数的 OTUs 数。

通过表 6-4，枫香林和次生林土壤细菌 Observed species 和 Chao1 指数都较高，说明这 2 种林分土壤细菌数目较多，且枫香林和次生林 Shannon 指数也较高，说明这 2 种林分土壤细菌的丰度和均匀度都比较高。Observed species 指数、Chao1 指数和 Shannon 指数从高到低依次都是枫香林＞次生林＞马尾松林＞麻栎林。通过对 4 种林分类型土壤细菌 α 多样性指数的分析，发现在 97% 的相似度水平上，枫香林和次生林之间的 Shannon 和 Chao1 指数没有无显著性差异，而且枫香林细菌物种丰富度更高。次生林和马尾松林、麻栎林之间 Shannon 和 Chao1 指数存在显著性差异（$P<0.01$）。

表6-4　4种林分类型土壤细菌 α 多样性指数

林分类型		α 多样性指数		
		物种数（O）	Shannon 多样性指数（H'）	Chao1 多样性指数（S_1）
人工林	PM	11826	10.37±0.38b	5025.76±869.72b
	QA	11455	10.28±0.56b	4993.97±970.92b
	LF	11447	10.78±0.30a	5665.55±818.79a
次生林	DB	12008	10.61±0.51a	5665.10±952.32a

注：数字后面的字母a、b表示组间的显著性差异（$P<0.05$），不同字母表示显著差异。

　　Alpha稀释曲线（图6-4，书后另见彩图）显示，在测序数达到35000左右时，Observed species指数和Chao1指数稀释曲线趋向平坦，说明测序数据量渐进合理，更多的数据量只会产生少量新的物种（OTUs）。稀释曲线显示大约在测序数达到5000时，Shannon指数已经趋于平稳，随测序数的继续加大，已经增长缓慢。

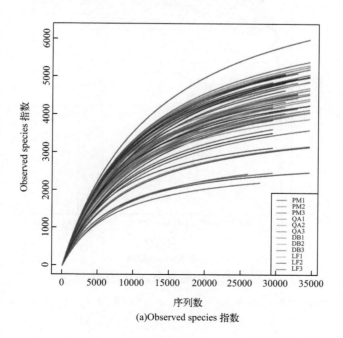

(a)Observed species 指数

图 6-4

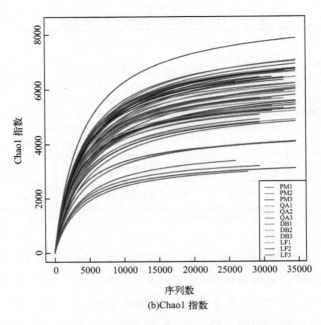

(b)Chao1 指数

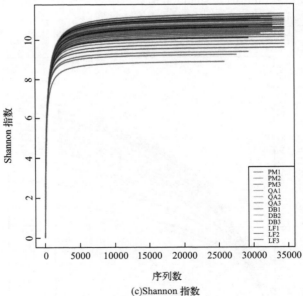

(c)Shannon 指数

图 6-4   土壤细菌 Alpha 稀释曲线

字母后面数字代表样地编号，如 PM1 代表马尾松 1 号样地，其他类推

6.2.2　土壤细菌群落的 Beta 多样性分析

Beta 多样性用于不同环境群落之间的物种差异性，和 Alpha 多样性一起构成总体多样性或一定环境群落的生物异质性。Beta 多样性分析由计算环境样品间的距离矩阵开始，使用主坐标分析（principal coordinates analysis，PCoA）、聚类分析（clustering analysis）、对群落数据结构进行自然分解并通过对样本排序（ordination）。

PCoA 利用降维排序，通过可视化的低维空间重新排列所有土壤细菌样品，最大化展示样品之间的关系信息，得到了 4 种林分类型土壤细菌群落的加权 Unifrac 距离的降维结果（图 6-5，书后另见彩图）。第一个主成分（PCo1 轴）解释了样品间的空间分布差异，占总变异的 76.84%，第二个主成分（PCo2 轴）解释了样品变异的 8.94%。PCoA 结果显示，人工林土壤细菌群落结构与次生林存在一定差异，枫香人工林与次生林在细菌群落结构方面具有一定相似性。

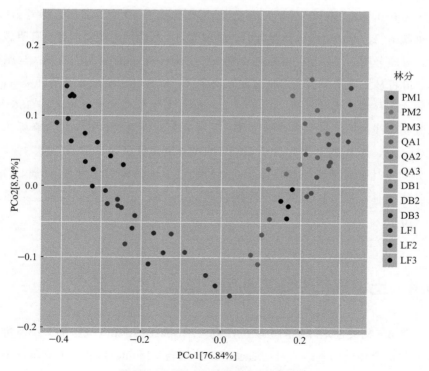

图 6-5　4 种林分土壤细菌主坐标分析图

大写字母后面的数字代表每种林分的样地编号

6.3　土壤细菌群落显著性差异分析

　　根据样品物种丰度表，采用Fisher′s exact test和Kruskal-Wallis test进行细菌物种差异检验，根据统计检验P值来判断该物种在不同组之间是否存在显著性差异。研究发现，样本中麻栎林土壤放线菌门、疣微菌门、Candidate division WPS-2门、硝化螺旋菌门、Latescibacteria门、Candidatus_Saccharibacteria门与次生林；枫香林土壤拟杆菌门、Candidatus_Latescibacteria门与次生林；马尾松林、麻栎林土壤Candidate division WPS-1门与次生林差异显著（$P \leqslant 0.05$）（表6-2）。马尾松林、麻栎林土壤放线菌门、硝化螺旋菌门、Latescibacteria门、Candidatus_Latescibacteria门与枫香林；麻栎林土壤拟杆菌门、Candidate division WPS-2门、Candidatus Saccharibacteria门与枫香林；马尾松林土壤疣微菌门、Candidatus_Saccharibacteria门与麻栎林；马尾松林土壤装甲菌门、Candidate division WPS-1门与枫香林差异显著（$P \leqslant 0.05$）。次生林和3个人工林之间，酸杆菌门、变形杆菌门、绿弯菌门、芽单胞菌门、厚壁菌门、浮霉菌门、蓝细菌门、绿菌门的相对丰度没有明显差异。方差分析结果显示，麻栎林土壤未分类酸杆菌_Gp1属与次生林；马尾松林、麻栎林土壤未分类变形杆菌属与次生林；枫香林土壤未分类酸杆菌_Gp3属与次生林差异显著（$P \leqslant 0.05$）（表6-3）。马尾松林和麻栎林土壤Gp6属、未分类放线菌属、未分类红螺菌属、未分类变形杆菌属与枫香林；麻栎林土壤Gp1属、未分类β变形杆菌属、未分类α变形杆菌属、未分类黏球菌属、未分类噬几丁质菌属与枫香林；马尾松林土壤未分类酸杆菌_Gp1属、Gp4属与麻栎林；枫香林土壤未分类酸杆菌_Gp1属、Gp4属与麻栎林差异显著（$P \leqslant 0.05$）。

6.4　土壤理化性质与细菌群落结构的关系

　　图6-6相关性矩阵热图中颜色梯度表示Spearman相关系数的大小，每个林分与每个环境因素的关系均通过Mantel检验。Mantel检验结果显示，土壤理化因子中，TP和EC值、TN和SOC、SWC和pH值，以及AN和DOC，表现出较强的正相关关系。土壤理化性质与细菌群落结构之间，土壤pH值与枫

香人工林土壤细菌群落的相关性较强，土壤 TN 与麻栎人工林土壤细菌群落的相关性极强（图 6-6，书后另见彩图）。

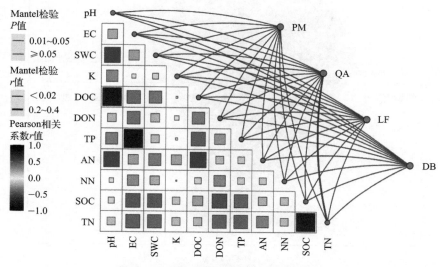

图 6-6　环境变量与细菌群落组成的相关性

SWC—土壤含水率；TP—总磷；AN—铵态氮；NN—硝态氮；K—总钾；
DOC—可溶性有机碳；DON—可溶性有机氮；SOC—土壤有机碳；TN—总氮

冗余分析（RDA）显示土壤理化因子与土壤细菌门类之间的关系，这些变量共解释了系统丰度总方差的 82.86%，其中 RDA1 占 70.01%，RDA2 占 12.85%（图 6-7，书后另见彩图）。土壤 pH 值、DOC 和 AN 与土壤细菌群落组成有显著相关性（$P=0.002$、0.003、0.003）（表 6-5），是影响 4 种林分细菌门类相对丰度的 3 个最重要的环境因素。此外，研究发现，酸杆菌门与 SOC、TN 呈高度正相关（$r=0.792$，$P=0.002$；$r=0.718$，$P=0.008$）；变形杆菌门与 SOC 呈高度正相关（$r=0.789$，$P=0.003$）；芽单胞菌门与 DON、NN、TN 呈高度负相关（$r=-0.789$，$P=0.003$；$r=-0.726$，$P=0.007$；$r=-0.785$，$P=0.003$）；疣微菌门与土壤 pH 值呈高度正相关（$r=0.749$，$P=0.005$），与 DOC、AN 呈高度负相关（$r=-0.781$，$P=0.003$；$r=-0.730$，$P=0.007$）。厚壁菌门、Candidatus_ Latescibacteria 门和绿菌门与土壤 AN 呈高度负相关（$r=-0.732$，$P=0.007$；$r=-0.784$，$P=0.003$；$r=-0.714$，$P=0.009$）；而 Candidatus Saccharibacteria 门与土壤 AN 高度正相关（$r=0.719$，$P=0.008$）（表 6-6，图 6-7）。

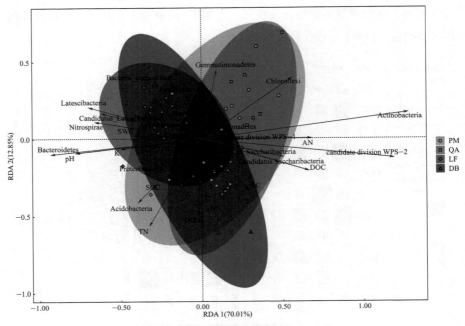

图6-7 冗余分析排序图

该图被用来研究土壤理化性质和主要细菌门类之间的关系。括号内的数字代表每个因素对数据变化的解释百分比，其中RDA1解释了总变化的70.01%，RDA2解释了总变化的12.85%

表6-5 土壤性质与土壤细菌门类的相关性分析

因子	RDA1 轴	RDA2 轴	决定系数 r^2	显著性水平 P
pH 值	−0.99652	−0.08333	0.2376	0.002**
电导率	0.791410	−0.61128	0.0622	0.185
含水率	−0.99955	0.03004	0.0664	0.127
可溶性有机碳	0.97901	−0.20382	0.1825	0.003**
可溶性有机氮	−0.06100	−0.99814	0.0646	0.153
铵态氮	0.99999	0.00527	0.1802	0.003**
硝态氮	0.10246	−0.99474	0.0604	0.174
有机碳	−0.81320	−0.58198	0.0489	0.231
总氮	−0.64530	−0.76393	0.1249	0.018*
总磷	0.95911	−0.28304	0.0110	0.736
钾	−0.99553	−0.09446	0.0983	0.039*

注：r^2 表示解释方差的比例。"**""*"分别表示在0.01和0.05水平上，土壤样品参数值之间存在显著性差异（进行最小显著性差异检验）。

表6-6　土壤因子与土壤细菌门皮尔逊相关系数

细菌（门）		pH值	EC值	SWC	DOC	DON	AN	NN	SOC	TN	K	TP
酸杆菌门	r	0.587*	0.452	0.443	-0.246	0.568*	-0.563	0.435	0.792**	0.718**	0.589*	-0.315
	P	0.045	0.140	0.149	0.442	0.049	0.057	0.157	0.002	0.008	0.041	0.319
变形杆菌门	r	0.589*	0.450	0.450	-0.371	0.478	-0.586	0.428	0.789**	0.689*	0.591*	-0.319
	P	0.044	0.141	0.141	0.234	0.117	0.490	0.065	0.003	0.015	0.047	0.312
放线菌门	r	-0.587*	0.678*	-0.247	0.596*	0.077	0.545	0.063	-0.167	-0.107	-0.534	0.549
	P	0.045	0.015	0.440	0.041	0.811	0.067	0.845	0.604	0.742	0.073	0.064
未分类门	r	-0.146	-0.382	-0.568	0.112	-0.433	0.500	-0.343	-0.318	-0.491	-0.183	-0.554
	P	0.651	0.220	0.054	0.728	0.159	0.098	0.275	0.313	0.105	0.568	0.061
拟杆菌门	r	0.657*	0.679*	-0.399	0.614*	-0.006	0.520	0.002	-0.196	-0.100	-0.552	-0.626*
	P	0.020	0.015	0.199	0.034	0.985	0.083	0.994	0.542	0.758	0.063	0.030
绿弯菌门	r	0.335	-0.156	0.357	-0.352	0.309	0.589*	0.279	0.476	0.451	0.535	0.047
	P	0.288	0.629	0.255	0.262	0.328	0.044	0.380	0.118	0.141	0.073	0.885
芽单胞菌门	r	-0.517	-0.610*	0.154	-0.544	-0.789**	0.540	-0.726**	-0.684*	-0.785**	-0.599*	-0.433
	P	0.085	0.035	0.632	0.067	0.003	0.070	0.007	0.016	0.003	0.040	0.160

续表

细菌（门）		pH值	EC值	SWC	DOC	DON	AN	NN	SOC	TN	K	TP
							因子					
疣微菌门	r	0.749**	0.668*	-0.424	-0.781**	0.062	-0.730**	0.004	-0.172	-0.093	-0.671*	-0.647*
	P	0.005	0.018	0.170	0.003	0.849	0.007	0.991	0.593	0.774	0.017	0.023
厚壁菌门	r	0.586*	0.201	-0.537	0.539	-0.278	-0.732**	-0.260	-0.406	-0.391	-0.461	0.210
	P	0.045	0.532	0.072	0.071	0.382	0.007	0.414	0.191	0.209	0.131	0.513
Candidate division WPS-2 门	r	-0.070	-0.104	-0.086	0.001	0.041	-0.144	0.011	0.175	0.187	0.304	0.255
	P	0.828	0.749	0.790	0.997	0.899	0.656	0.973	0.586	0.561	0.337	0.424
Candidatus Saccharibacteria 门	r	-0.533	0.115	-0.612*	0.455	-0.374	0.719**	-0.323	-0.490	-0.480	-0.497	0.072
	P	0.074	0.722	0.034	0.137	0.231	0.008	0.305	0.106	0.114	0.100	0.824
浮霉菌门	r	0.355	-0.304	0.475	-0.395	-0.214	-0.287	0.305	0.173	-0.164	0.260	-0.412
	P	0.257	0.336	0.119	0.204	0.505	0.369	0.393	0.335	0.617	0.414	0.078
硝化螺旋菌门	r	0.098	-0.090	0.114	-0.114	0.260	-0.299	0.285	0.511	0.452	0.313	0.048
	P	0.762	0.782	0.725	0.723	0.414	0.345	0.370	0.090	0.140	0.322	0.882

续表

细菌（门）		因子										
		pH值	EC值	SWC	DOC	DON	AN	NN	SOC	TN	K	TP
Latescibacteria 门	r	-0.380	0.089	-0.319	0.341	-0.225	0.483	-0.243	-0.366	-0.298	-0.302	0.205
	P	0.223	0.783	0.313	0.279	0.482	0.112	0.448	0.242	0.347	0.340	0.523
Candidatus_Latescibacteria 门	r	-0.521	0.076	-0.565	0.568	-0.158	-0.784**	-0.145	-0.130	-0.281	-0.379	-0.017
	P	0.083	0.815	0.055	0.054	0.624	0.003	0.652	0.687	0.376	0.224	0.959
Candidatus_Saccharibacteria 门	r	-0.530	0.276	-0.473	0.522	-0.285	0.702*	-0.254	-0.422	-0.421	-0.487	0.161
	P	0.076	0.385	0.120	0.082	0.370	0.011	0.426	0.172	0.172	0.108	0.618
装甲菌门	r	0.356	-0.251	0.301	-0.401	0.187	0.602*	0.149	0.336	0.340	0.570	-0.031
	P	0.256	0.432	0.341	0.197	0.560	0.038	0.644	0.285	0.280	0.053	0.923
蓝细菌门	r	0.483	-0.314	0.377	-0.507	0.082	-0.650*	0.036	0.198	0.191	0.594*	-0.120
	P	0.112	0.320	0.227	0.093	0.800	0.022	0.911	0.538	0.553	0.042	0.711
绿菌门	r	0.509	-0.299	0.462	-0.519	0.201	-0.714**	0.203	0.412	0.411	0.581*	-0.137
	P	0.091	0.346	0.131	0.083	0.532	0.009	0.527	0.183	0.184	0.048	0.672

续表

细菌（门）		pH值	EC值	SWC	DOC	DON	AN	NN	SOC	TN	K	TP
							因子					
Candidate division WPS-1 门	r	0.256	-0.224	0.161	-0.290	-0.028	-0.423	-0.108	0.052	0.076	0.521	0.147
	P	0.422	0.483	0.618	0.361	0.931	0.171	0.738	0.873	0.814	0.082	0.649

注："*"代表相关性在0.05水平上是显著的（双尾）。"**"代表相关性在0.01水平上是显著的（双尾）。

6.5　总结与分析

6.5.1　土壤细菌群落多样性和组成

在森林生态系统中，树木可以对微气候产生显著影响[269]，此外，树木通过其根系与土壤微生物相互作用，从而影响整个森林生态系统的特性[161]。优势树种可以决定土壤微生物群落的组成，在森林生态系统的生物地球化学循环中起着关键作用[148]。人工造林会导致植被和土壤性质的变化，从而影响土壤细菌的多样性。以前的研究表明，树种多样性会影响土壤微生物的多样性[270]。这些都说明，人工造林导致的森林微气候变化会对土壤微生物多样性产生广泛的影响。本研究发现，人工林的OTUs总数较低，其中马尾松林的OTUs数量最低，这与Klimek等[271]的研究一致，与次生林相比，马尾松林土壤细菌的活性和功能多样性均较低，其原因可能是针叶林的根系分泌物抑制了土壤微生物的生长。研究还发现，马尾松林、麻栎林和次生林之间的α多样性指数（S_1指数，H'指数）存在显著性差异，这与之前调查亚热带山区土壤细菌群落结构和多样性的研究一致[272]。然而，枫香林和次生林之间的土壤细菌α多样性差异不大，且枫香林土壤细菌α多样性指数最高（表6-4）。龚霞等[273]也报告了类似的结果，他们发现枫香林的土壤细菌数量和百分比都高于次生林，这可能是由于枫香林中丰富的林下植被和地表凋落物，促进了土壤养分的吸收和水分的保存，从而促进了土壤微生物的生长和繁殖。

在本研究中，酸杆菌门、变形杆菌门和放线菌门是主要菌群（图6-2），这与Lin等[274]在湿润的亚热带林中进行的研究结果一致。此外，在一些研究中发现，酸杆菌门和变形杆菌门是最主要的菌群，这些菌群可以作为土壤营养状况的指标，贫营养细菌，如酸杆菌门，可以在较大的碳源浓度范围内生长[275]，而富营养细菌，如变形杆菌门，通常在高氮的地方相对丰度会增加[276]。尽管次生林土壤有效氮指标（AN、NN）低于人工林，但酸杆菌门和变形杆菌门的相对丰度却高于人工林。这可能是由于人工林改变了凋落物和根际沉积物质以及土壤化学性质，导致土壤微生物的生物多样性和功能明显下降。此外，在次生林和麻栎人工林之间，放线菌门作为第三大丰度的细菌门，相对丰度有显著差异（$P=0.002$）。次生林土壤放线菌门相对丰度低于马尾松林和麻栎林，这表明马尾松和麻栎作为中国东南地区主要的造林和植被恢复树种，为放线菌门提供了更适合的土壤微气候。绿弯菌门在有机物含量较低的土壤中具有较高的生存竞争力[277]，本研究显示，次生林土壤绿弯菌门相对丰度低于其他林分，表明次生林土壤有机物含量高于人工林，这印证了Klatt等[278]的研究结果。此外，Moreno-espíndola等[279]研究得出芽单胞菌门丰度与土壤湿度有关，通常芽单胞菌门适应于低土壤湿度。本研究中次生林土壤含水量比人工林高，这解释了在麻栎人工林中观察到的芽单胞菌门相对丰度高于其他林分的原因。人工林与次生林存在显著差异性的土壤细菌属，均是未分类细菌属，其影响机制有待进一步分析。

6.5.2　土壤理化特性对细菌群落结构的影响

本研究发现土壤样品中主要的细菌门类与各土壤参数（pH值、EC值、SWC、DOC、DON、AN、NN、SOC、TP、TN和K）存在一定相关性，这表明这些优势细菌门类对土壤环境很敏感（图6-7）。有研究指出，土壤pH值和营养物质可以显著影响土壤细菌群落[280,281]。Siles等[282]研究也发现，细菌丰富度、多样性和群落结构的转变与土壤理化因素，特别是与土壤pH值有显著关系。因此，土壤pH值已被确定为控制土壤中酸性细菌群落组成和结构的关键因素，是塑造土壤细菌群落组成的最关键决定因素之一。本研究发现土壤pH值、DOC和AN是影响4种林分土壤细菌群落分布模式的主要因素（表6-5），证实了土壤pH值影响土壤细菌群落结构的重要性，并且与Nie等[283]研究土壤细菌群落组成的主要预测因子的结果一致。在人工林中，土壤TN与麻栎林土壤细菌群落的相关性极强，Qu等[284]也有类似发现，证实土壤TN是影响细菌群落和功能结构的重要因素。

土壤主要细菌门与土壤理化因子之间存在明显的相关性，其中土壤SOC、TN与酸杆菌门和变形杆菌门呈正相关，这与Zhao等[285]和Raijal等[286]的研究结果一致，和放线菌门呈负相关关系，这与Li等[287]的研究结果一致。变形杆菌门与土壤SOC呈正相关，这可能是因为变形杆菌门通常与富含有机碳的底物相关。富营养生物和寡营养生物通常用于描述微生物和环境生态属性之间的关系[266]。富营养生物存在于富含营养物质（尤其是碳）的环境中，而寡营养生物在碳浓度低得多的环境中生存。一般来说，变形杆菌门和拟杆菌门被认为是富营养生物，因为它们多在更高浓度的有机碳环境中生存，而酸杆菌门和放线菌门是寡营养生物[288]，这些优势细菌门类的丰度变化很好地反映了土壤养分状况。研究发现，变形杆菌门在营养水平较高的次生林土壤中含量较高，而绿弯菌门和放线菌门在营养水平较低的人工林土壤中含量较高。

　　前期研究表明，拟杆菌门与土壤 pH 值、EC 值和 DOC 呈正相关关系，而与土壤 TP 呈负相关关系，这与 Wu 等[289] 和 Kim 等[290] 的研究结果一致。芽单胞菌门与土壤 DON、NN 和 TN 呈高度负相关关系，Pascual 等[291] 也有类似报告，他们观察到芽单胞菌门很适应寡营养条件。疣微菌门是专门参与甲醇氧化的寡养生物，代表了土壤微生物的一个重要的活性有机碳来源[292]，皮尔逊相关分析显示，疣微菌门与土壤 pH 值呈显著正相关，与土壤 DOC 和 AN 呈高度负相关，这与 Catania 等[293] 研究结果一致。厚壁菌门、Candidatus_Latescibacteria 门和绿菌门与土壤 AN 呈高度负相关，Candidatus Saccharibacteria 门与土壤 AN 高度正相关，证实了土壤 AN 是形成细菌群落的关键环境因素之一[294]。

　　一些研究显示，其他土壤参数，如矿物元素含量、土壤酶活性和植物多样性，与某些细菌门类的丰度密切相关。这些因素对细菌群落组成变化的具体影响机制，仍需要进一步的研究。

第 7 章

▲ ▲ ▲ ▲ ▲ ▲

城市森林土壤微生物
研究总结与展望

7.1 本书城市森林土壤微生物研究总结

7.1.1 不同林分群落结构

马尾松林分内，优势树种为马尾松，亚优势树种是构树和柘树，马尾松重要值达118.11%，其胸径达24.62cm，树高达28.24m。麻栎林和枫香林林下植被较少且优势度低，接近于纯林的群落结构，其中，优势树种麻栎和枫香重要值分别为211.53%、206.78%，胸径和树高分别为38.15cm、27.54m和25.63cm、28.36m。马尾松林生长态势、相对密度（38.26%）、相对频度（52.19%）和相对显著度（27.66%）均弱于枫香林和麻栎林。落叶阔叶次生林样地，经过一系列次生演替后，物种丰富度均优于其他3种人工林分，该群落中柘树的重要值最高，为55.58%，最低的是拐枣，为6.73%。次生林中优势乔木树种朴树和柘树的分布频率接近，分别是14.69%和14.72%，但柘树相对密度、相对优势度和重要值均高于朴树，为次生林最优势树种。次生林群落中分布了较多的合肥地区乡土树种，构树、黄连木、乌桕，林下灌木分布多、长势好、重要值较高，甚至高于部分乔木种，如卫矛重要值为17.94%。

7.1.2 不同林分土壤理化特性

人工林对土壤理化性质有一定的影响。与次生林相比，人工林普遍表现出较低的土壤pH值、含水量、有机碳和营养物质含量，表明人工造林和人类活动会加速土壤酸化。在生长季，麻栎林和次生林在3个土层含水率均差异显著。4种林分土壤TP、DOC、DON、SOC和TN随土层加深逐渐减小。生长季马尾松林、次生林土壤TP在3个土层均高于休眠季，枫香林相反。同一土层，土壤DOC、DON、AN和NN均是生长季高于休眠季。麻栎林土壤

DOC与其他林分在3个土层均差异显著，且麻栎林DOC值最高。在休眠季，马尾松林土壤DON和次生林在3个土层均差异极显著，且马尾松林土壤DON最低。在生长季，次生林土壤AN与马尾松林、麻栎林在3个土层均差异极显著，且麻栎林AN值最高。在休眠季，马尾松林土壤AN与次生林，麻栎林土壤NN与次生林在3个土层均差异显著。生长季麻栎林土壤SOC与其他林分在3个土层均差异显著，且麻栎林土壤SOC值最高。生长季枫香林与次生林，休眠季马尾松林与次生林的土壤TN在3个土层均差异显著。

7.1.3　不同林分土壤微生物生物量特征

次生林和人工林土壤MBC和MBN，在一些土层存在显著性差异，次生林表现出更高的微生物生物量和营养循环能力。土壤理化性质和微生物生物量之间相关性随季节不同而变化，其中马尾松林土壤MBC和pH值相关性在生长季较弱，在休眠季变强；与TP则是在生长季节最强，在休眠季减弱。土壤微生物生物量与理化性质存在一定相关性，其中马尾松林土壤MBC、MBN与pH值、EC值、TP、SOC和TN相关性显著。麻栎林土壤MBC和SWC、pH值和EC值相关性显著，且SWC是影响麻栎林土壤MBC的关键因素；麻栎林土壤MBN与pH值、SWC与MBN呈正相关，与EC呈负相关。枫香林土壤MBC与SWC有强正相关，土壤EC值可能在调控枫香林土壤MBN方面起关键作用。次生林土壤MBC与pH值、SWC、SOC和TN呈正相关，且pH值相关性最强；土壤MBN与EC值呈强负相关，土壤EC值也是影响次生林土壤MBN的关键因素。

7.1.4　土壤微生物活性和功能多样性特征

生长季土壤微生物活性显著高于休眠季，表层土壤微生物活性普遍高于中层和底层，随土层加深，微生物利用碳源底物的能力在减弱。在生长季和休眠季，马尾松林土壤微生物活性弱于其他3种林分。土壤微生物对酯类和氨基酸类碳源利用率较高，对糖类碳源利用率较低。土壤微生物多样性指数随土层加深呈减小趋势，生长季指数普遍高于休眠季。在休眠季表层土壤，麻栎林与次生林土壤微生物McIntosh指数、Shannon指数和Simpson指数存在差异性显著，其中次生林指数最高，麻栎林最低。在休眠季底层土壤，马尾松林与次生林土壤微生物McIntosh指数、Shannon指数和Simpson指数存在显著性差异。在生长季，麻栎林土壤微生物多样性指数在3个土层均高于次生林。土壤EC值、TN和TP在调节土壤微生物群落多样性方面起着关键作用。季节、林分和土层3种因素中，季节因素是影响土壤微生物群落多样性指数的首要因素。

7.1.5　环境因子对土壤细菌群落特征的影响

　　4种林分土壤细菌群落中，Alpha多样性指数从高到低依次是枫香林＞次生林＞马尾松林＞麻栎林。马尾松林、麻栎林和次生林之间Alpha多样性指数（S_1指数，H'指数）存在显著性差异。枫香林Alpha多样性指数较高，与次生林无显著性差异。酸杆菌门、变形杆菌门和放线菌门是主要细菌菌群，其中次生林土壤酸杆菌门、变形杆菌门相对丰度高于人工林，次生林放线菌门相对丰度低于马尾松林和麻栎林，并且麻栎林和次生林放线菌门相对丰度有差异性显著。次生林土壤绿弯菌门、芽单胞菌门、Candidate division WPS-2门、Candidate division WPS-1门的相对丰度低于3个人工林。麻栎林土壤放线菌门、疣微菌门、Candidate division WPS-2门、硝化螺旋菌门、Latescibacteria门、Candidatus_Saccharibacteria门与次生林差异显著。枫香林土壤拟杆菌门、Candidatus_Latescibacteria门与次生林差异显著。马尾松林、麻栎林土壤Candidate division WPS-1门与次生林差异显著。在细菌属水平，麻栎林土壤未分类酸杆菌_Gp1属、马尾松林和麻栎林土壤未分类变形杆菌属、枫香林土壤未分类酸杆菌_Gp3属与次生林差异显著。

　　土壤pH值、DOC和AN是影响4种林分土壤细菌群落分布模式的主要因素。土壤SOC、TN与酸杆菌门和变形杆菌门正相关，和放线菌门负相关。变形杆菌门与土壤SOC呈正相关。拟杆菌门与土壤pH值、EC值和DOC呈正相关，而与土壤TP呈负相关，芽单胞菌门与土壤DON、NN和TN呈高度负相关关系，疣微菌门与土壤pH值呈显著正相关，与土壤DOC和AN呈高度负相关。厚壁菌门、Candidatus_Latescibacteria门和绿菌门与土壤AN呈高度负相关，Candidatus Saccharibacteria门与土壤AN高度正相关。

7.2　本书研究创新点

① 基于暖温带 - 亚热带过渡带且人为活动频繁的城市森林生态系统，从数量生态学的角度出发，较系统地分析了"植被 - 土壤 - 微生物"之间的相互作用机制。

② 采用 Biolog-ECO 微平板方法和高通量测序技术，全面分析了近郊城市森林绿地土壤微生物群落多样性和代谢多样性的差异，明确了城市森林土壤微生物群落结构的主导影响因素。

③ 揭示了地上植被指标与地下土壤理化特性、微生物多样性指标的相关性，丰富了城市景观林生态系统研究的内容及园林生态学理论研究体系。

7.3　城市森林土壤微生物研究展望

城市森林，在改善城市环境，涵养水源，减少噪声等方面有不可替代的作用，在森林生态系统中，森林土壤、土壤微生物与植被构成了一个复杂的功能体系，通过微生物分解凋落物，森林土壤为植被提供物质基础，植物为土壤提供有机质及各种营养元素。鉴于土壤微生物在地下部分所发挥的重要生态学功能，以及微生物对生态系统的高度灵敏性，结合土壤学、微生物学、分子生物学和系统发育学等多学科深入研究微生物对环境变化的响应机制是目前研究重点和热点。尽管本书分析了森林群落结构、土壤理化性质、土壤微生物群落特征之间的关联性和影响机制，但仍存在一些不足而有待后续深入研究。

① 研究地合肥蜀山森林公园距离合肥市中心不足 15km，随着城市化进一步发展，可以预测蜀山森林公园将成为一座市内森林公园，人为干扰频度很高，本研究没有考虑人为干扰的影响，特别是公园内游步道沿线范围人为踩踏相当严重，这无疑对林地土壤特性产生较大影响，进而影响土壤微生物群落结构及其多样性，这方面有待进一步监测和研究。

② 蜀山森林公园内人工林面积占 70%，这些人工林多为 20 世纪 60～70 年代营造，由于长期没有人为经营活动干扰，多数人工林植被随着自然演替，林分结构渐趋复杂，植物多样性渐趋丰富，开展长期动态监测很有必要，以

了解频繁干扰条件下人工林群落演替管理，可为城市森林可持续经营提高立论依据。

③ 本研究仅利用分子生物学技术对几种林分类型土壤细菌群落进行了高通量测序，细菌只是生态系统中微生物家族的一员，为了全面认识城市森林土壤微生物群落结构及其多样性，需要全面分析包括细菌、真菌、放线菌等在内的土壤微生物进行系统分析研究，为深入、全面阐述土壤微生物作用机制提供数据基础。

参考文献

[1]   姚贤良，于德芬. 红壤的物理性质及其生产意义[J]. 土壤学报，1982，19(3)：224-236.

[2]   赵伟红. 冀北辽河源山地典型森林群落土壤理化特征研究[D]. 北京：北京林业大学，2014.

[3]   侯芸芸. 小陇山国家级自然保护区土壤理化性及其与土壤微生物群落特征的相关性研究[D]. 兰州：西北师范大学，2013.

[4]   师刚强，赵艺，施泽明，等. 土壤pH值与土壤有效养分关系探讨[J]. 现代农业科学，2009，16(5)：93-94.

[5]   蒋文伟，周国模，余树全，等. 安吉山地主要森林类型土壤养分状况的研究[J]. 水土保持学报，2004，18(4)：89-95.

[6]   陈超，杨丰，赵丽丽，等. 贵州省不同土地利用方式对土壤理化性质及其有效性的影响[J]. 草地学报，2014，22(5)：1007-1013.

[7]   Gelsomino A., Badalucco L., Ambrosoli R., et al. Changes in chemical and biological soil properties as induced by anthropogenic disturbance: A case study of an agricultural soil under recurrent flooding by wastewaters [J]. Soil Biology & Biochemistry, 2006, 38: 2069-2080.

[8]   Onwuka B., Mang B. Effects of soil temperature on some soil properties and plant growth [J]. Plants & Agriculture Research, 2018, 8(1):34-37.

[9]   Mcgrath J.M., Spargo J., Penn C. J. Soil fertility and plant nutrition [J]. Encyclopedia of Agriculture and Food Systems, 2014: 166-184.

[10]   Verchot L.V., Place F., Shepherd K.D., et al. Science and technological innovations for improving soil fertility and management in africa: A report for the NEPAD science and technology forum [M]. Kenya: World Agroforestry Centre (ICRAF), 2007: 20-35.

[11]   方乐金，张运斌. 杉木幼林地土壤肥力变化研究[J]. 土壤学报，2003，40(2)：316-319.

[12]   陈立新. 落叶松人工林土壤质量变化规律与调控措施的研究[D]. 北京：中国林科院林业研究所，2003.

[13]   高雪松，邓良基，张世熔. 不同利用方式与坡位土壤物理性质及养分特征分析[J]. 水土保持学报，2005，19(2)：53-79.

[14]   姜林，耿增超，张雯，等. 宁夏贺兰山、六盘山典型森林类型土壤主要肥力特征[J]. 生态

学报，2013，33(6)：1982-1993.

[15] Rivaie A.A. The effects of understory vegetation on P availability in Pinus radiata forest stands: A review[J]. Journal of Forestry Research, 2014, 25(3): 489-500.

[16] Voigtlaender M., Laclau J.P., Piccolo M.D.C., et al. Introducing Acacia mangium trees in Eucalyptus grandis plantations: Consequences for soil organic matter stocks and nitrogen mineralization [J]. Plant and Soil, 2012, 352(1-2): 99-111.

[17] Wang S.L., Ma C., Yuan W.B. Soil physical and chemical properties under four densities of hybrid larch plantations[C]. Advanced Materials Research, 2012, 524:2139-2142.

[18] Mujuru L., Gotora T., Velthorst E.J., et al. Soil carbon and nitrogen sequestration over an age sequence of Pinus patula plantations in Zimbabwean Eastern Highlands [J]. Forest Ecology & Management, 2014, 313(2):254-265.

[19] Carr C.A., Krueger W.C. Understory vegetation and ponderosa pine abundance in Eastern Oregon [J]. Rangeland Ecology & Management, 2011, 64(5):533-542.

[20] 王丹. 不同发育阶段杉木林土壤碳素及其影响因素的研究[D]. 北京：北京林业大学，2010.

[21] 张雷燕，刘常富，王彦辉，等. 宁夏六盘山地区不同森林类型土壤的蓄水和渗透能力比较[J]. 水土保持学报，2007，21(1)：95-98.

[22] 孙海红，刘广，韩辉，等. 章古台地区樟子松人工林土壤水分物理性质的研究[J]. 防护林科技，2004，1：15-17.

[23] 何斌，黄寿先，梁机，等. 八角林生长对土壤水分-物理特性的影响[J]. 西北林学院学报，2005，20(1)：34-37.

[24] 杨晓娟，王海燕，刘玲，等. 东北过伐林区不同林分类型土壤肥力质量评价研究[J].生态环境学报，2012，21(9)：1556-1560.

[25] 李文影，满秀玲，张阳武. 不同林龄白桦次生林土壤特性及其水源涵养功能[J]. 中国水土保持科学，2009，7(5)：63-69.

[26] 单梦颖，杨永刚，吴兆录. 云南省中部3种森林土壤含水率、容重和细根重及其垂直分布[J]. 云南地理环境研究，2013，25(4)：38-42.

[27] Yang Y., Fan Y., Basang C.M., et al. Different biomass production and soil water patterns between natural and artificial vegetation along an environmental gradient on the Loess Plateau [J]. Science of The Total Environment, 2022, 814: 152839.

[28] Motie J.B., Aghkhani M.H., Rohani A., et al. A soft-computing approach to estimate soil electrical conductivity [J]. Biosystems Engineering, 2021, 205:105-112.

[29] Zhang R., Wienhold B.J. The effect of soil moisture on mineral nitrogen, soil electrical conductivity, and pH[J]. Nutrient Cycling in Agroecosystems, 2002,

63:251-254.

[30] Mavi M.S., Marschner P. Impact of salinity on respiration and organic matter dynamics in soils is more closely related to osmotic potential than to electrical conductivity [J]. Pedosphere, 2017, 27(5):49-956.

[31] Peng J., Biswas A., Jiang Q.S., et al. Estimating soil salinity from remote sensing and terrain data in southern Xinjiang Province, China[J]. Geoderma, 2019, 337:1309-1319.

[32] Heiniger R.W., McBride R.G., Clay D.E. Using soil electrical conductivity to improve nutrient management [J]. Agronomy Journal, 2003, 95(3):508-551.

[33] 张一清，王文娥，胡明宇，等. 容重及含水率对土壤电导率的影响研究[J]. 干旱地区农业研究, 2022, 40(3): 162-169.

[34] Andrew S., Catherine R., David A., et al. Scale dependence of vegetation-environment relationships: A meta-analysis of multivariate data[J]. Journal of Vegetation Science, 2012, 23(5): 1-11.

[35] 余敏，周志勇，康峰峰，等. 山西灵空山小蛇沟林下草本层植物群落梯度分析及环境解释[J]. 植物生态学报, 2013, 37(5): 373-383.

[36] Couwenberghe R.V., Collet C., Lacombe E., et al. Gap partitioning among temperate tree species across a regional soil gradient in windstorm-disturbed forests[J]. Forest Ecology & Management, 2010, 260 (1): 146-154.

[37] Whittinghill K.A., Hobbie S.E. Effects of pH and calcium on soil organic matter dynamics in Alaskan tundra [J]. Biogeochemistry, 2012, 111(1-3): 569-581.

[38] Franzluebbers A.J. Soil organic matter stratification ratio as an indicator of soil quality [J]. Soil and Tillage Research, 2002, 66(2): 95-106.

[39] 刘娜利. 牛背梁国家级自然保护区土壤特性研究[D]. 西安：西北农林科技大学, 2012.

[40] Jenkinson D.S., Davidson S.A., Powlson D.S. Adenosine triphosphate and microbial biomass in soils [J]. Soil Biology and Biochemistry, 1979, 2:521-527.

[41] Griffiths B.S., Philippot L. Insights into the resistance and resilience of the soil microbial community [J]. Fems Microbiology Reviews, 2013, 37(2):112-129.

[42] Taylor J.P., Wilson B., Mills M.S., et al. Comparison of microbial numbers and enzymatic activities in surface soils and subsoils using various techniques [J]. Soil Biology & Biochemistry, 2002, 34(3):387-401.

[43] Rousk J., Bååth E., Brookes P.C., et al. Soil bacterial and fungal communities across a pH gradient in an arable soil [J]. The ISME Journal, 2010, 4:1340-1351.

[44] Shen C., Xiong J., Zhang H., et al. Soil pH drives the spatial distribution of bacterial communities along elevation on Changbai Mountain [J]. Soil Biology and Biochemistry, 2013, 57: 204-211.

[45] 王常慧，邢雪荣，韩兴国. 草地生态系统中土壤氮素矿化影响因素的研究进展. 2004，15(11)：2184-2188.

[46] 莫江明，Gundersen，周国逸，等. 森林土壤氮素转换及其对氮沉降的响应[J]. 生态学报，2004，24(7)：1523-1531.

[47] 嘎玛旦巴. 西藏山南地区农地土壤有机质现状及变化规律[J]. 中国土壤与肥料，1992，(2)：8-12.

[48] Tateno R., Takeda H. Nitrogen uptake and nitrogen use efficiency above and below ground along a topographic gradient of soil nitrogen availability [J]. Oecologia, 2010, 163:793-804.

[49] Thébault A., Clément J.C., Ibanez S., et al. Nitrogen limitation and microbial diversity at the treeline[J]. Oikos, 2014, 123:729-740.

[50] 肖好燕，刘宝，余再鹏，等. 亚热带不同林分土壤矿质氮库及氮矿化速率的季节动态[J]. 应用生态学报，2017，28(3)：730-738.

[51] 郭亚兵，毛晋花，王聪，等. 氮，磷添加对热带森林土壤氮转化及损失影响的研究进展[J]. 生态学杂志，2021，40(10)：3339-3354.

[52] Ruttenberg K.C. The global phosphorus cycle [J]. Treatise on Geochemistry(Second Edition), 2014, 10(2):499-558.

[53] 冯固. 提高我国土壤-作物体系磷肥高效利用的途径[J]. 磷肥与复肥，2021，36(2)：1.

[54] 赖世会，江全富，贾晨，等. 华西雨屏区不同林分类型对土壤化学性质的影响[J]. 四川林业科技，2021，42(4)：35-40.

[55] 尹爱经. 典型滩涂围垦区土壤理化性质和磷形态演变[D]. 南京：南京大学，2015.

[56] 耿玉清，余新晓，孙向阳，等.北京八达岭地区油松与灌丛林土壤肥力特征的研究[J].北京林业大学学报，2007，29(2)：50-54.

[57] 陈立新. 落叶松人工林施肥对土壤酶和微生物的影响[J]. 应用生态学报，2004，15(6)：1000-1004.

[58] 耿玉清，白翠霞，赵铁蕊，等. 北京八达岭地区土壤酶活性及其与土壤肥力的关系[J]. 北京林业大学学报，2006，28(5)：7-11.

[59] 魏媛，张金池，喻理飞. 退化喀斯特植被恢复过程中土壤微生物生物量碳的变化[J]. 南京林业大学学报（自然科学版），2008，32（5）：71-75.

[60] 吴洁. 北京西山森林土壤氮矿化及酶活性的研究[D]. 北京：北京林业大学，2009.

[61] 杨万勤，钟章成，陶建平，等. 缙云山森林土壤速效N、P、K时空特征研究[J]. 生态学报，2001，21(8)：1285-1289.

[62] Cornut I., Maire G.L., Laclau J.P., et al. Potassium limitation of wood productivity: A review of elementary processes and ways forward to modelling illustrated by Eucalyptus plantations[J]. Forest Ecology and Management, 2021, 49:11927.

[63] Tripler C.E., Kaushal S.S., Likens G.E., et al. Patterns in potassium dynamics in

forest ecosystems [J]. Ecology Letters, 2006, 9: 451-466.

[64] 游秀花，蒋尔科. 不同森林类型土壤类型化学性质的比较研究 [J]. 江西农业大学学报，2005, 27(3): 357-360.

[65] 乔玉，吴祥云，祁荟萃，等. 辽东山地不同森林类型土壤化学性质 [J]. 辽宁工程技术大学学报（自然科学版），2008, 27(3): 302-304.

[66] 吕春花，郑粉莉，安韶山. 子午岭地区植被演替过程中土壤养分及酶活性特征研究 [J]. 干旱地区农业研究，2009, 27(2): 227-231.

[67] Amponsah I., Meyer W. Soil characteristics in teak plantations and natural forests in Ashanti region, Ghana [J]. Communications in Soil Science & Plant Analysis, 2000, 31(3-4): 355-373.

[68] Bloor J.M.G., Bardgett R.D. Stability of above-ground and below-ground processes to extreme drought in model grassland ecosystems: Interactions with plant species diversity and soil nitrogen availability [J]. Perspectives in Plant Ecology Evolution & Systematics, 2012, 14(14): 193-204.

[69] Alem S., Pavlis J., Urban J., et al. Pure and mixed plantations of Eucalyptus camaldulensis and Cupressus lusitanica: their growth interactions and effect on diversity and density of undergrowth woody plants in relation to light[J]. Open Journal of Forestry, 2015, 5(4): 375-386.

[70] Batista A.H., Motta A.C.V., Reissmann C.B., et al. Liming and fertilisation in Pinus taeda plantations with severe nutrient deficiency in savanna soils [J]. Acta Scientiarum-Agronomy, 2015, 37:117-125.

[71] Lutter R., Tullus A., Kanal A., et al. The impact of short-rotation hybrid aspen (Populus tremula L × P. tremuloides Michx.) plantations on nutritional status of former arable soils [J]. Forest Ecology & Management, 2016, 362:184-193.

[72] Watanabe Y., Owusu-Sekyere E., Masunaga T., et al. Teak (Tectona grandis) growth as influenced by soil physicochemical properties and other site conditions in Ashanti region, Ghana [J]. Journal of Food Agriculture & Environment, 2010, 8(2):1040-1045.

[73] Lukina N.V., Tikhonova E.V., Danilova M.A., et al. Associations between forest vegetation and the fertility of soil organic horizons in northwestern Russia[J]. Forest Ecosystems, 2019, 6:34.

[74] 刘为华，张桂莲，徐飞，等. 上海城市森林土壤理化性质 [J]. 浙江林学院学报，2009, 26(2): 155-163.

[75] 吕明亮，陈养飞，方佐昭，等. 柯城区不同林分类型生态公益林土壤理化性质初步研究[J]. 浙江林业科技，2010, 30(2): 70-72.

[76] 徐康. 鹞落坪国家级自然保护区森林土壤理化性质、微生物量与酶活性分布特征研究 [D].

合肥：安徽大学，2012.

[77] 刘永贤，熊柳梅，韦彩会，等. 广西典型土壤上不同林分的土壤肥力分析与综合评价[J].
生态学报，2014, 34(18)：5229-5233.

[78] 邵英男，刘延坤，李云红，等. 不同林分密度长白落叶松人工林土壤养分特征[J]. 中南林
业科技大学报，2017, 37(9)：27-31.

[79] 高一飞. 中国森林生态系统碳库特征及其影响因素[D]. 北京：中国科学院大学，2016.

[80] 余悦. 黄河三角洲原生演替中土壤微生物多样性及其与土壤理化性质关系[D]. 济南：山东
大学，2012.

[81] Ruan H.H., Zou X.M., Scatena F.N., et al. Asynchronous fluctuation of soil
microbial biomass and plant litterfall in a tropical wet forest [J]. Plant and Soil,
2004, 260(1)：147-154.

[82] Torsvikv G.J., Daae F.L. High diversity in DNA of soil bacteria [J]. Applied and
Environmental Microbiology, 1990, 56(3)：782-787.

[83] Gans J., Wolinsky M., Dunbar J. Computational improvements reveal great
bacterial diversity and high metal toxicity in soil [J]. Science, 2005, 309(5739)：1387-
1390.

[84] Whitman W.B., Coleman D.C., Wiebe W.J. Prokaryotes: The unseen majority
Proceedings of the National Academy of Sciences of the United States of America [J].
Proceedings of the National Academy of Sciences, 1998, 95(12)：6578-6583.

[85] Gans J., Wolinsky M., Dunbar J. Computational improvements reveal great
bacterial diversity and high metal toxicity in soil [J]. Science, 2005, 309(5739)：1387-
1390.

[86] 严海元. 缙云山马尾松林凋落物的微生物分解及养分释放特征研究[D]. 重庆：西南大学，
2011.

[87] Wardle D.A., Bardgett R.D., Klironomos J.N., et al. Ecological linkages between
aboveground and belowground biota [J]. Science, 2004, 304：1629-1633.

[88] 胡亚林，汪思龙，颜绍馗. 影响土壤微生物活性与群落结构因素研究进展[J]. 土壤通报，
2006, 37(1)：170-176.

[89] 贺纪正，李晶，郑袁明. 土壤生态系统微生物多样性-稳定性关系的思考[J]. 生物多样性，
2013, 21(4)：411-420.

[90] Joergensen R.G., Scheu S. Response of soil microorganisms to the addition
of carbon, nitrogen and phosphorus in a forest Rendzina [J]. Soil Biology and
Biochemistry, 1999, 31(6)：859-866.

[91] 李胜蓝，方晰，项文化，等. 湘中丘陵区4种森林类型土壤微生物生物量碳氮含量[J]. 林
业科学，2014, 50(5)：8-16.

[92] 樊晓刚，金轲，李兆君，等. 不同施肥和耕作制度下土壤微生物多样性研究进展[J]. 植物

营养与肥料学报，2010, 16(3)：744-751.

[93] 邱甜甜，刘国彬，王国梁，等. 黄土高原不同生长阶段油松人工林土壤微生物生物量碳的变化及其影响因素[J]. 应用生态学报，2016, 27(3)：681-687.

[94] Rogers B.F., Tate III R.L. Temporal analysis of the soil microbial community along a toposequence in Pineland soils [J]. Soil Biology & Biochemistry, 2001, 33(10):1389-1401.

[95] 陈信力. 间伐对杉木人工林土壤微生物活性及其功能多样性的影响[D]. 南京：南京林业大学，2014.

[96] 李宗玮. 基于高通量测序的微生物辨识、进化与耐药性生物信息学分析[D]. 北京：中国人民解放军军事医学科学院，2016.

[97] 刘双江，施文元，赵国屏. 中国微生物组计划：机遇与挑战[J]. 中国科学院院刊，2017, 32(3)：241-250.

[98] Zak D.R., Holmes W.E., White D.C., et al. Plant diversity, soil microbial communities, and ecosystem function：Are there any links? [J]. Ecology, 2003, 84:2042-2050.

[99] 李胜蓝，方晰，项文化，等. 湘中丘陵区4种森林类型土壤微生物生物量碳氮含量[J]. 林业科学，2014, 50(5)：8-16.

[100] 赵彤，闫浩，蒋跃利，等. 黄土丘陵区植被类型对土壤微生物量碳氮磷的影响[J]. 生态学报，2013, 33(18)：5615-5622.

[101] 刘爽，王传宽. 五种温带森林土壤微生物生物量碳氮的时空格局[J]. 生态学报，2010, 30(12)：3135-3143.

[102] Carney K.M., Hungate B.A., Drake B.G., et al. Altered soil microbial community at elevated CO_2 leads to loss of soil carbon [J]. Proceedings of the National Academy of Sciences, 2007, 104:4990-4995.

[103] Hanson C. A., Fuhrman J.A., Horner-Devine M.C., et al. Beyond biogeographic patterns: Processes shaping the microbial landscape [J]. Nat Rev Microbiol, 2012, 10:497-506.

[104] Martiny J.B.H., Bohannan B.J., Brown J.H., et al. Microbial biogeography: Putting microorganisms on the map [J]. Nat Rev Microbiol, 2006, 4:102-112.

[105] Ibekwe A.M., Papiernik S.K., Gan J., et al. Impact of fumigants on soil microbial communities [J]. Applied & Environmental Microbiology, 2001, 67(7):3245-3257.

[106] Ma W., Yang Z., Liang L., et al. Seasonal changes in soil microbial community and co-occurrence network of species of the genus corylus[J]. Microorganisms, 2021, 9(11):228.

[107] Kanerva S., Smolander A. Microbial activities in forest floor layers under silver birch, Norway spruce and Scots pine [J]. Soil Biology & Biochemistry, 2007,

39:1459 – 1467.

[108] Mishra A., Gond S.K. Season and tissue type affect fungal endophyte communities of the Indian medicinal plant Tinospora cordifolia more strongly than geographic location [J]. Microbial Ecology, 2012, 64(2):388-398.

[109] Collignon C., Uroz S., Turpault M.P., et al. Seasons differently impact the structure of mineral weathering bacterial communities in beech and spruce stands [J]. Soil Biology & Biochemistry, 2011, 43:2012-2022

[110] López-Mondéjar R., Voříšková J., Větrovský T., et al. The bacterial community inhabiting temperate deciduous forests is vertically stratified and undergoes seasonal dynamics [J]. Soil Biology & Biochemistry, 2015, 87:43-50.

[111] Griffiths R.I., Whiteley A.S., O'Donnell A.G., et al. Influence of depth and sampling time on bacterial community structure in an upland grassland soil [J]. The Federation of European Materials Societies Microbiology Ecology, 2003, 43(1):35-43.

[112] Kennedy N.M., Gleeson D.E., Connolly J., et al. Seasonal and management influences on bacterial community structure in an upland grassland soil [J]. Fems Microbiology Ecology, 2005, 53(3):329-337.

[113] 王璐璐，马大龙，李森森，等. 扎龙湿地土壤微生物群落结构的季节变化特征[J]. 应用与环境生物学报, 2018, 24(1): 0166-0171.

[114] Shen C.C., He J.Z., Ge Y. Seasonal dynamics of soil microbial diversity and functions along elevations across the treeline[J]. Science of The Total Environment, 2021, 794:148644.

[115] 谭雪莲，阚蕾，张璐，等.城市森林土壤微生物群落结构的季节变化[J].生态学杂志, 2019, 38(11): 3306-3312.

[116] Merilä P., Malmivaara-Lämsä M., Spetz P., et al. Soil organic matter quality as a link between microbial community structure and vegetation composition along a successional gradient in a boreal forest [J]. Applied Soil Ecology, 2010, 46(2):259-26.

[117] Xia Q., Rufty T., Shi W. Soil microbial diversity and composition: Links to soil texture and associated properties[J].Soil Biology and Biochemistry, 2020, 149:107953.

[118] 刁冶民，周富强，高晓杰. 农业微生物生态学[M]. 成都：西南交通大学出版社, 2008: 199-219.

[119] 刘丽，段争虎，汪思龙，等. 不同发育阶段杉木人工林对土壤微生物群落结构的影响[J]. 生态学杂志, 2009, 28(12): 2417-2423.

[120] George E., Marschner H., Jakobsen I. Role of arbuscularmycorrhizal fungi in uptake

of phosphorous and nitrogen from soil [J]. Critical Reviews in Biotechnology, 1995, 15:257-270.

[121] Dodd J.C., Boddington C.L., Rodriguez A., et al. Mycelium of arbuscular mycorrhizal fungi (AMF) from different genera: form, function and detection [J]. Plant Soil, 2000, 226:131-151.

[122] Filion M., Starnaud M., Fortin J.A. Direct interaction between the arbuscular mycorrhizal fungus Glomus intraradices and different rhizosphere microorganisms [J]. New Phytol, 1999, 141:525-533.

[123] 胡海波，高智慧. 岩质海岸防护林土壤微生物数量及其与酶活性和理化性质的关系[J]. 林业科学研究, 2001, 15(1)：88-95.

[124] 于洋，王海燕，丁国栋，等. 华北落叶松人工林土壤微生物数量特征及其与土壤性质的关系[J]. 东北林业大学学报, 2011, 39(3)：76-80.

[125] 杨璐，朱再玲，卞翔，等. 崇明东滩植物根际生物活性及与理化因素的相关性研究[J]. 上海师范大学学报(自然科学版), 2011, 40(4)：416-420.

[126] 方辉，王翠红，辛晓云，等. 平朔安太堡矿区复垦地土壤微生物与土壤性质关系的研究[J]. 安全与环境学报, 2007, 7(6)：74-76.

[127] Fierer N., Jackson R. The diversity and biogeography of soil bacterial communities [J]. Proceedings of the National Academy of Sciences USA, 2006, 103:626 – 631.

[128] Griffiths R.I., Thomson B.C., James P., et al. The bacterial biogeography of British soils [J]. Environmental Microbiology, 2011, 13:1642-1654.

[129] Li Y.Y., Wen H.Y., Chen L.Q., et al. Succession of bacterial community structure and diversity in soil along a chronosequence of reclamation and re-vegetation on coal mine spoils in China[J]. Plos one, 2014, 9(12):e115024.

[130] Sui X., Zhang R., Frey B., et al. Soil physicochemical properties drive the variation in soil microbial communities along a forest successional series in a degraded wetland in northeastern China[J]. Ecology and Evlution, 2021, 11(5): 2194-2208.

[131] Pérez-Izquierdo L., Rincón A, Lindahl B.D., et al. Fungal community of forest soil: Diversity, functions, and service [J].Forest Microbiology, 2021, 31-255.

[132] Pickles B.J., Genney D.R., Anderson I.C., et al. Spatial analysis of ectomycorrhizal fungi reveals that root tip communities are structured by competitive interactions [J]. Molecular Ecology, 2012, 21(20):5110-5123.

[133] Toljander J.F., Eberhardt U., Toljander Y.K., et al. Species composition of an ectomycorrhizal fungal community along a local nutrient gradient in a boreal forest [J]. New Phytologist, 2006, 170(4):873-884.

[134] Coince A., Cordier T., Lengellé J., et al. Leaf and root-associated fungal assemblages do not follow similar elevational diversity patterns [J]. Plos One. 2014,

9(6):e100668.

[135] Wubet T., Christ S., Schöning I., et al. Differences in soil fungal communities between European beech (*Fagus sylvatica* L.) dominated forests are related to soil and understory vegetation [J]. Plos One,2012, 7(10):397-400.

[136] Coince A., Caël O., Bach C., et al. Below-ground fine-scale distribution and soil versus fine root detection of fungal and soil oomycete communities in a French beech forest [J]. Fungal Ecology, 2013, 6(3):223-235.

[137] Ping Y., Han D., Wang N., et al. Vertical zonation of soil fungal community structure in a Korean pine forest on Changbai Mountain, China [J]. World J Microbiol Biotechnol, 2017, 33:12.

[138] Deng J., Yin Y., Luo J., et al. Different revegetation types alter soil physical-chemical characteristics and fungal community in the Baishilazi Nature Reserve [J]. PeerJ, 2019, 6:e6251.

[139] 邵玉琴，赵吉，岳冰，等. 皇甫川流域人工油松林地土壤微生物的垂直分布[J]. 内蒙古大学学报（自然科学版），2002, 33(5)：541-545.

[140] 丁玲玲，祁彪，尚占环，等. 东祁连山不同高寒草地型土壤微生物数量分布特征研究[J]. 农业环境科学学报，2007, 26(6)：2104-2111.

[141] 张社奇，王国栋，田鹏，等. 黄土高原刺槐林地土壤微生物的分布特征[J]. 水土保持学报，2004, 18(6)：128-130.

[142] 孔涛，郑爽，夏宗伟，等.沙地不同林龄樟子松人工林土壤微生物量特征[J].环境化学，2022, 41(6)：2035-2043.

[143] Du X.F., Deng Y., Li S.Z., et al. Steeper spatial scaling patterns of subsoil microbiota are shaped by deterministic assembly process[J].Molecular Ecology, 2020, 30(4):1072-1085.

[144] Teste F.P., Kardol P., Turner B.L., et al. Plant-soil feedback and the maintenance of diversity in Mediterranean-climate shrublands[J]. Science, 2017, 355(6321):73-176.

[145] 郭银宝，许小英. 祁连林区不同植被类型下三种土壤微生物群落的数量分布[J]. 青海农林科技，2005, (3)：16-18.

[146] 张崇邦，金则新，李均敏. 浙江天台山不同林型土壤环境的微生物区系和细菌生理群的多样性[J]. 生物多样性，2001, 9(4)：382-388.

[147] Behera N., Sahani U. Soil microbial biomass and activity in response to Eucalyptus plantation and natural regeneration on tropical soil [J]. Forest Ecology & Management, 2003, 174(1-3):1-11.

[148] Urbanová M., šnajdr J., Baldrian P. Composition of fungal and bacterial communities in forest litter and soil is largely determined by dominant trees [J]. Soil Biology & Biochemistry, 2015, 84:53-64.

[149] 黄龙，包维楷，李芳兰，等.土壤结构和植被对土壤微生物群落的影响[J].应用与环境生物学报，2021, 27(6)：1725-1731.

[150] Gillman L.N., Wright S.D. Species richness and evolutionary speed：The influence of temperature, water and area [J]. Journal of Biogeography, 2014, 41(1):39-51.

[151] Fierer N., Jackson J.A., Vilgalys R., t al. Assessment of soil microbial community structure by use of taxon-specific quantitative PCR assays [J]. Applied and Environment Microbiology, 2005, 71(7):4117-4120.

[152] Tedersoo L., Bahram M., Põlme S., et al. Global diversity and geography of soil fungi[J]. Science, 2014, 346(6213):1256688.

[153] Ranjard L., Dequiedt S., Prévost-Bouré N.C., et al. Turnover of soil bacterial diversity driven by wide-scale environmental heterogeneity[J]. Nature Communications, 2013, 4:1434.

[154] Martiny J.B.H., Bohannan B.J.M., Brown J.H., et al. Microbial biogeography：Putting microorganisms on the map [J]. Nature Reviews Microbiology, 2006, 4(2):102 -112.

[155] Prober S.M., Leff J.W., Bates S.T., et al. Plant diversity predicts beta but not alpha diversity of soil microbes across grasslands worldwide [J]. Ecology Letters, 2015, 18(1):85 -95.

[156] Bahram M., Hildebrand F., Forslund S.K., et al. Structure and function of the global topsoil microbiome[J].Nature, 2018, 560(7717):233 -237.

[157] Horner-Devine M.C., Lage M., Hughes J.B., et al. A taxa-area relationship for bacteria [J].Nature, 2004, 432(7018):750 -753.

[158] Horner-Devine M.C., Silver J.M., Leibold M.A., et al. A comparison of taxon co-occurrence patterns for macro- and microorganisms [J].Ecology, 2007, 88(6):1345 -1353.

[159] Wang X.B., Lü X.T., Yao J., et al. Habitat-specific patterns and drivers of bacterial β -diversity in China's drylands [J]. The ISME Journal, 2017, 11(6):1345 -1358.

[160] Singer D., Mitchell E.A.D., Payne R.J., et al. Dispersal limitations and historical factors determine the biogeography of specialized terrestrial protists [J]. Molecular Ecology, 2019, 28(12): 3089-3100.

[161] Prescott C.E., Grayston S.J. Tree species influence on microbial communities in litter and soil：Current knowledge and research needs [J]. Forest Ecology & Management, 2013, 309(4):19-27.

[162] Folman L.B., Gunnewiek P.J.A.K., Boddy L., et al. Impact of white-rot fungi on numbers and community composition of bacteria colonizing beech wood from forest soil [J]. FEMS Microbiology Ecology, 2008, 63(2):181-191.

[163] Hervé V., Le R.X., Uroz S., et al. Diversity and structure of bacterial communities associated with Phanerochaete chrysosporium during wood decay [J]. Environmental Microbiology, 2014, 16(7):2238-2252.

[164] Valášková V., Boer W.D., Gunnewiek P.J.A.K., et al. Phylogenetic composition and properties of bacteria coexisting with the fungus Hypholoma fasciculare in decaying wood[J]. Isme Journal, 2009, 3(10):1218-1221.

[165] Buee M., Courty P.E., Mignot D., et al. Soil niche effect on species diversity and catabolic activities in an ectomycorrhizal fungal community[J]. Soil Biology & Biochemistry, 2007, 39(8):1947-1955.

[166] Dickie I.A., Xu B., Koide R.T. Vertical niche differentiation of ectomycorrhizal hyphae in soil as shown by T-RFLP analysis [J]. New Phytologist, 2002, 156(3):527-535.

[167] Buée M., Maurice J.P., Zeller B., et al. Influence of tree species on richness and diversity of epigeous fungal communities in a French temperate forest stand [J]. Fungal Ecology, 2011, 4(4):22-31.

[168] Rajala T., Tuomivirta T., Pennanen T., et al. Habitat models of wood-inhabiting fungi along a decay gradient of Norway spruce logs [J]. Fungal Ecology, 2015, 18:48-55.

[169] Elias D.M.O., Robinson S., Both S., et al. Soil microbial community and litter quality controls on decomposition across a tropical forest disturbance gradient[J]. Frontiers in Forests and Global Change, 2020, 3:81.

[170] 王小平，杨雪，杨楠，等.凋落物多样性及组成对凋落物分解和土壤微生物群落的影响[J]. 生态学报, 2019, 39(17): 6264-6272.

[171] Bonito G., Reynolds H., Nelson J., et al. Plant host and soil origin influence fungal and bacterial assemblages in the roots of woody plants [J]. Molecular Ecology, 2014, 23(13):3356-3370.

[172] Deveau A., Antony-Babu S., Le T.F., et al. Temporal changes of bacterial communities in the Tuber melanosporum ectomycorrhizosphere during ascocarp development[J]. Mycorrhiza, 2016, 26(5):1-11.

[173] Gottel N.R., Castro H.F., Kerley M., et al. Distinct microbial communities within the endosphere and rhizosphere of Populus deltoides roots across contrasting soil types [J]. Applied & Environmental Microbiology, 2011, 77(17):5934-5944.

[174] Uroz S., Buée M., Murat C., et al. Pyrosequencing reveals a contrasted bacterial diversity between oak rhizosphere and surrounding soil [J]. Environmental Microbiology Reports, 2010, 2(2):281-288.

[175] Vik U., Logares R., Blaalid R., et al. Different bacterial communities in

ectomycorrhizae and surrounding soil [J]. Scientific Reports, 2013, 3(12):324.

[176] Uroz S., Buée M., Murat C., et al. Pyrosequencing reveals a contrasted bacterial diversity between oak rhizosphere and surrounding soil [J]. Environmental Microbiology Reports, 2010, 2(2):281-288.

[177] Uroz S., Oger P., Morin E., et al. Distinct ectomycorrhizospheres share similar bacterial communities as revealed by pyrosequencing-based analysis of 16Sr RNA genes[J]. Applied & Environmental Microbiology, 2012, 78(8):3020-3024.

[178] Gottel N.R., Castro H.F., Kerley M., et al. Distinct microbial communities within the endosphere and rhizosphere of Populus deltoides roots across contrasting soil types [J]. Applied & Environmental Microbiology, 2011, 77(17):5934-5944.

[179] Gu Y., Wang X.F., Yang T., et al. Chemical structure predicts the effect of plant-derived low-molecular weight compounds on soil microbiome structure and pathogen suppression[J].Functional Ecology, 2020, 34(10):2158-2169.

[180] Ankati S., Podile A.R. Metabolites in the root exudates of groundnut changes during interection with plant growth promoting rhizobacteria in a strain-specific manner [J]. Journal of Plant Physiology, 2019, 24:153057.

[181] Reinhold-Hurek B., Bunger W., Burbano C.S., et al. Roots shaping their microbiome:Global hotspots for microbial activity[J]. Annu. Rev. Phytopathol, 2015, 53:403-424.

[182] Mahmud A.A., Upadhyay S.K., Srivastava A.K., et al. Biofertilizers: A nexus between soil fertility and crop productivity under abiotic stress [J]. Current Resesarch in Environmental Sustainability, 2021, 3:100063.

[183] 陶晓，樊伟，杨春，等. 城市不同森林土壤溶解性有机碳和微生物生物量碳特征[J]. 生态学杂志, 2016, 35（12）: 3191-3196.

[184] Zhang C., Liu G., Xue S., et al. oil bacterial community dynamics reflect changes in plant community and soil properties during the secondary succession of abandoned farmland in the Loess Plateau[J]. Soil Biology & Biochemistry, 2016, 97:40-49.

[185] 徐莹梅. 大蜀山森林公园维管植物区系及植物群落特征的研究[D]. 合肥：安徽农业大学, 2012.

[186] 吴耀宇. 城市森林景区生态评价与开发模式研究——以南京钟山风景区为例[D]. 南京：南京师范大学, 2012.

[187] 徐莹梅，田胜尼.合肥蜀山森林公园资源调查研究[J].绿色科技, 2021, 23(11): 98-101.

[188] Zhang Y.Q., Hou L.Y., Li Z.C., et al. Leguminous supplementation increases the resilience of soil microbial community and nutrients in Chinese fir plantations[J]. Science of the Total Environment. 2020, 703:134917.

[189] 李旺霞，陈彦云.土壤水分及其测量方法的研究进展[J].江苏农业科学, 2014, 42(10): 335-339.

[190] Wu J., Joergensen R.G., Pommerening B. Measurement of soil microbial biomass C by fumigation-extraction—an automated procedure [J].Soil Biology and Biochemistry, 1990, 22:1167-1169.

[191] Vance E.D., Brooks P.C., Jenkinson D.S. An extraction method for measuring soil microbial biomass [J]. Soil Biology and Biochemistry, 1987, 19:703-707.

[192] Brookes P.C., Landman A., Pruden G., Jenkonson D.S. Chloroform fumigation and release of soil N: a rapid direct extraction method to measure microbial biomass N in soil [J]. Soil Biology and Biochemistry, 1985, 17:837-842.

[193] Li Y., Zhao Y., Li Y., et al. Effects of afforestation on soil properties in China: A meta-analysis[J]. Land Use Policy, 2018, 76:52-61.

[194] Wu J., Joergensen R.G., Pommerening B. Measurement of soil microbial biomass C by fumigation-extraction-an automated procedure [J]. Soil Biology and Biochemistry, 1990, 22:1167-1169.

[195] Brookes P.C., Landman A., Pruden G., et al. Chloroform fumigation and release of soil N: A rapid direct extraction method to measure microbial biomass N in soil [J]. Soil Biology and Biochemistry, 1985,17: 837 - 842.

[196] 鲁如坤. 土壤农业化学分析方法[M]. 北京: 中国农业科技出版社, 2000: 12-18.

[197] 杨潇瀛, 张浩林, 韩莹莹, 等. 16S扩增子分析中常用软件及数据库应用现状[J]. Bio-101, 2021: 2003388.

[198] Noguez A.M., Escalante A.E., Forney L.J., et al. Soil aggregates in a tropical deciduous forest: Effects on C and N dynamics, and microbial communities as determined by t-RFLPs [J]. Biogeochemistry, 2008, 89:209-220.

[199] Burton J., Chen C.R., Xu Z.H. Gross nitrogen transformations in adjacent native and plantation forests of subtropical Australia [J]. Soil Biology Biochemistry, 39:426-433.

[200] 张龙, 严靖, 毛佳园, 等. 长三角地区不同纬度带城市森林群落结构[J]. 生态学杂志, 2017, 36(9): 2394-2402.

[201] 杨春雷, 张庆国, 刘可东, 等. 合肥市大蜀山森林公园凋落物现存量与组分研究[J]. 安徽农业科学, 2007, 35(11): 3203-3204.

[202] Chen L.F., He Z.B., Zhu X., et al. Impacts of afforestation on plant diversity, soil properties, and soil organic carbon storage in a semi-arid grassland of northwestern China [J]. Catena, 2016, 147:300-3072016.

[203] Zeng T., Zhang L., Li Y., et al. Effect of forest conversion on soil pH, organic carbon fractions and exchangeable mineral nutrients [J]. Ecology and Environment Sciences, 2016, 25:576-582.

[204] Meng H., Wu R., Wang Y.F., et al. A comparison of denitrifying bacterial community structures and abundance in acidic soils between natural forest and re-vegetated forest of Nanling Nature Reserve in southern China [J]. Journal of Environmental Management, 2017, 198:41-49.

[205] Gruba P., Mulder J., Pacanowski P., et al. Combined effects of soil disturbances and tree positions on spatial variability of soil pH $CaCl_2$ under oak and pine stands[J]. Geoderma, 2020, 376:114537.

[206] Wang T., Xu Q., Gao D., et al. Effects of thinning and understory removal on the soil water-holding capacity in Pinus massoniana plantations[J]. Scientific Reports,2021, 11: 13029.

[207] 龚文明. 不同林分类型凋落物及土壤水源涵养功能差异分析[J]. 安徽农业科学，2013，41(15)：6763-6766.

[208] Guo L., Ni R., Kan X., et al. Effects of precipitation and soil moisture on the characteristics of the seedling bank under quercus acutissima forest plantation in mount Tai, China[J].Forests, 2022, 13: 545.

[209] Li Y.S., Chang C.Y., Wang Z.R., et al. Remote sensing prediction and characteristic analysis of cultivated land salinization in different seasons and multiple soil layers in the coastal area [J]. International Journal of Applied Earth Observation and Geoinformation, 2022, 111:102838.

[210] Ko H., Choo H., Ji K. Effect of temperature on electrical conductivity of soils Role of surface conduction[J]. Engineering Geology, 2023, 321:107147.

[211] Naik S.B., Mohapatra S R , Chauhan V ,et al. Influence of forest community and soil depth on soil physio-chemical properties of col Sher Jung national park[J]. Himachal Pradesh, 2020, 9(2):2351-2354.

[212] 孔涛，吴丹，沈海鸥，等. 沙地樟子松人工林根系及土壤养分分布特征[J]. 中国水土保持科学，2020, 18(4)：84-93.

[213] 唐婕，林自芳，王晓琴，等. 区域尺度桢楠人工林土壤养分特征[J]. 四川林业科技，2021, 4：26-34.

[214] Fromm J. Wood formation of trees in relation to potassium and calcium nutrition [J]. Tree Physiology, 2010, 30(9):140–1147.

[215] Akhtaruzzaman M., Roy S., Mahmud M., et al. Soil properties under different vegetation types in Chittagong University Campus, Bangladesh[J]. Journal of Forest and Environmental Science, 2020, 36(2):133-142.

[216] Tian H., Cheng X., Han H., et al. Seasonal variations and thinning effects on soil phosphorus fractions in larix principis-rupprechtii mayr plantations[J]. Forests, 2019, 10:172.

[217] Kieta K.A., Owens P.N., Vanrobaeys J.A., et al. Seasonal changes in phosphorus in soils and vegetation of vegetated filter strips in cold climate agricultural systems[J]. Agriculture, 2022, 12:233.

[218] Zhu X.Y., Fang X., Wang L.F., et al. Regulation of soil phosphorus availability and composition during forest succession in subtropics[J]. Forest Ecology and Management, 2021, 502:119706.

[219] Lemanowicz J. Dynamics of phosphorus content and the activity of phosphatase in forest soil in the sustained nitrogen compounds emissions zone[J]. Environmental Science and Pollution Research, 2018, 25:33773-33782.

[220] Larsen K.S., Michelsen A., Jonasson S., et al. Nitrogen uptake during fall, winter, and spring differs among plant functional groups in a subarctic heath ecosystem[J]. Ecosystems, 2012, 15(6):927-939.

[221] 赵佳宝, 杨喜田, 徐星凯, 等. 马尾松—麻栎混交林土壤溶解性有机碳氮空间分布特征[J]. 水土保持学报. 2016, 30(3): 213-219.

[222] Kalbitz K., Solinger S., Park J.H., et al. Controls on the dynamics of dissolved organic matter in soils: A review[J]. Soil Science, 2000, 165: 277–304.

[223] Bowering K.L., Edwards K.A., Ziegler S.E. Seasonal controls override forest harvesting effects on the composition of dissolved organic matter mobilized from boreal forest soil organic horizons[J]. Biogeosciences, 2023, 20(11):2189-2206.

[224] 单文俊, 付琦, 邢亚娟, 等. 氮沉降对长白山白桦山杨天然次生林土壤微生物量碳氮和可溶性有机碳氮的影响[J]. 生态环境学报, 2019, 28(8): 1522-1530.

[225] 庞学勇, 包维楷, 吴宁. 森林生态系统土壤可溶性有机质(碳)影响因素研究进展[J]. 应用与环境生物学报, 2009, 15(3): 390-398.

[226] 许翠清, 陈立新, 颜永强, 等. 温带森林土壤铵态氮, 硝态氮季节动态特征[J]. 东北林业大学学报, 2008, 36(10): 19-21.

[227] 肖好燕, 刘宝, 余再鹏, 等. 亚热带不同林分土壤矿质氮库及氮矿化速率的季节动态[J]. 应用生态学报, 2017, 28(3): 730-738.

[228] Cheng Y., Wang J., Chang S.X., et al. Nitrogen deposition affects both net and gross soil nitrogen transformations in forest ecosystems: A review[J]. Environmental Pollution, 2019, 244:608-616.

[229] 范桥发, 肖德荣, 田昆, 等. 不同放牧对滇西北高原典型湿地土壤碳、氮空间分布的差异影响[J]. 土壤通报. 2014, 45(5): 1151-1156.

[230] Deng W., Wang X., Hu H., et al. Variation characteristics of soil organic carbon storage and fractions with stand age in north subtropical *quercus acutissima carruth.* forest in China[J]. Forests 2022, 13:1649.

[231] Tesfaye M.A., Bravo F., Ruiz-Peinado R., et al. Impact of changes in land use,

species and elevation on soil organic carbon and total nitrogen in Ethiopian Central Highlands[J]. Geoderma, 2016, 261:70-79.

[232] Tolessa T., Senbeta F. The extent of soil organic carbon and total nitrogen in forest fragments of the central highlands of Ethiopia[J]. Tolessa and Senbeta Journal of Ecology and Environment, 2018, 42:20.

[233] Nemergut D.R., Costello E.K., Hamady M., et al. Global patterns in the biogeography of bacterial taxa [J]. Environmental Microbiology, 2011, 13:135-144.

[234] Wen L., Lei P.F., Xiang W.H., et al. Soil microbial biomass carbon and nitrogen in pure and mixed stands of *Pinus massoniana* and *Cinnamomum camphora* differing in stand age[J]. Forest Ecology and Management, 2014,328:150-158.

[235] Pold G., Grandy A.S. Does ecosystem sensitivity to precipitation at the site-level conform to regional climatic and biogeographic patterns? [J]. Oecologia. 2019, 191(1):131-142.

[236] Senbayram M., Chen R., M ü ller M., et al. Soil depth-dependent functional diversity of microbial communities during lignocellu lose decomposition [J]. Soil Biology and Biochemistry, 2019, 134:48-58.

[237] Li Z., Tian D., Wang B., et al. Microbes drive global soil nitro-genmineralization and availability [J]. Global Change Biology, 2019, 25, 1078-1088.

[238] Bonan G.B. Forests and climate change: Forcings, feedbacks, and the climate benefits of forests [J].Science, 2008, 320(5882): 1444-1449.

[239] Zhang H., Joergensen R.G., Wu Q.T., et al. Effects of resource availability and quality on the structure of the microbial community in microcosms with native and exotic soils [J]. Soil Biology and Biochemistry, 2007, 39:1406-141.

[240] Letourneau E. Soil microbial ecology and biodiversity [D]. Santa Cruz:University of California, 2011.

[241] Yuan Z.X., Jin X.M., Xiao W.Y., et al. Comparing soil organic carbon stock and fractions under natural secondary forest and *Pinus massoniana* plantation in subtropical China [J]. CATENA, 2022, 212: 106092.

[242] Wen L., Lei P. F., Xiang W.H., et al. Soil microbial biomass carbon and nitrogen in pure and mixed stands of *Pinus massoniana* and *Cinnamomum camphora* differing in stand age[J]. Forest Ecology and Management, 2014, 28:150-158.

[243] Lepcha N.T., Devi N.B. Effect of land use, season, and soil depth on soil microbial biomass carbon of Eastern Himalayas[J]. Ecological Processes, 2020, 9:65.

[244] Zhang Q.Z., Dijkstra F.A., Liu X.R., et al. Effects of biochar on soil microbial biomass after four years of consecutive application in the north China Plain[J]. PLoS One, 2014, 9(7):e102062.

[245] Bowles T.M., Acosta-Martinez V., Calderón F., et al. Microbial, abiotic, and plant drivers of soil organic matter mineralization along an ecosystem gradient [J]. Soil Biology and Biochemistry, 2014, 69:1-10.

[246] Hartmann M., Frey B., Kolliker R., et al. Microbial diversity in different soil horizons of a Podzol [J]. Biology and Fertility of Soils, 2015, 51:243-255.

[247] Panwar P., Pal S., Reza S.K., et al. Soil fertility index, soil evaluation factor, and microbial indices under different land uses in acidic soil of humid subtropical India[J]. Communications in Soil Science and Plant Analysis, 2011, 42(22):2724-2737.

[248] Eiko K., Hannes G., Johannes V.V., et al. Soil and plant factors driving the community of soil-borne microorganisms across chronosequences of secondary succession of chalk grasslands with a neutral pH[J]. FEMS Microbiology Ecology, 2011, 77(2): 285-294.

[249] Al-Atrash M., Algabar F., Abbod L. Assessment of soil microbial properties in some regions affected by climate Change[J]. Caspian Journal of Environmental Sciences, 2023, 21(3):623-628.

[250] Xiang S.R., Doyle A., Holden P.A. Microbial community structure and activity in trace-level-arsenic-contaminated groundwater [J]. Environmental Science & Technology, 2008, 42: 8545-8550.

[251] Zhong, Z.K., Wang, X., Zhang, X.Y., et al. Edaphic factors but not plant characteristics mainly alter soil microbial properties along a restoration chronosequence of *Pinus tabulaeformis* stands on Mt. Ziwuling, China [J]. Forest Ecology and Management, 2019, 453:117625.

[252] Delgado-Baquerizo M., Reich P.B., Garc í a-Palacios P., et al. Biogeographic bases for a shift in crop C uptake during the 21st century[J]. Glob Ecol Biogeogr, 2019, 28:1579-1591.

[253] DeNicola D.M., Gunderson A.R., Bruland G.L., et al. Seasonal dynamics of microbial community structure and function under seabird colonies and their influence on soil propertie [J]. Environmental Microbiology, 2017, 19:4521-4535.

[254] 宋贤冲, 王会利, 秦文弟, 等.退化人工林不同恢复类型对土壤微生物群落功能多样性的影响[J]. 应用生态学报, 2019, 30(3): 841-848.

[255] Prescott C.E., Grayston S.J .Tree species influence on microbial communities in litter and soil: Current knowledge and research needs[J]. Forest Ecology and Management, 2013, 309:19-27.

[256] Vitali F., Mastromei G., Senatore G., et al. Long lasting effects of the conversion from natural forest to poplar plantation on soil microbial communities[J].

Microbiological Research, 2016, 182: 89-98.

[257] Pan J., Guo Q., Li H., et al. Dynamics of soil nutrients, microbial community structure, enzymatic activity, and their relationships along a chronosequence of pinus massoniana plantations[J]. Forests, 2021, 12:376.

[258] Frank-Fahle B.A., Yergeau É., Greer C.W., et al. Microbial functional potential and community composition in permafrost-affected soils of the NW canadian arctic[J]. PLoS ONE, 2014, 9(1): e84761.

[259] Jiao S., Liu Z., Lin Y. et al. Changes in soil microbial diversity and community composition with different vegetation types on the Loess Plateau of China [J]. Geoderma, 2020, 354:113884.

[260] Bai Z., Jia A., Li H., et al. Explore the soil factors driving soil microbial community and structure in Songnen alkaline salt degraded grassland[J]. Frontiers in Plant Science, 2023, 14:1110685.

[261] Liang T., Yang G., Ma Y., et al. Seasonal dynamics of microbial diversity in the rhizosphere of Ulmus pumila L. var. sabulosa in a steppe desert area of Northern China [J].PeerJ, 2019 22(7):e7526.

[262] Fu D.G., Wu X.N., Qiu Q.T., et al. Seasonal variations in soil microbial communities under different land restoration types in a subtropical mountains region, Southwest China[J].Applied Soil Ecology, 2020,153:103634.

[263] 董昌金. 试论微生物学在生命科学中的地位和作用[J]. 湖北师范学院学报：自然科学版, 2016, 36(1): 114-118.

[264] Guo X.P., Chen H.Y.H., Meng M.J., et al. Effects of land use change on the composition of soil microbial communities in a managed subtropical forest [J]. Forest Ecology and Management, 2016, 373:93-99.

[265] Caporaso J.G., Lauber C.L., Walters W.A., et, al. Ultra-high-throughput microbial community analysis on the Illumina HiSeq and MiSeq platforms [J]. The ISME journal, 2012, 6:1621-1624.

[266] Fierer N., Bradford M.A., Jackson R.B. Toward an ecological classification of soil bacteria [J]. Ecology, 2007,88(6):1354-1364.

[267] Bokulich N.A., Subramanian S., Faith J.J., et al. Quality-filtering vastly improves diversity estimates from Illumina amplicon sequencing [J]. Nat Methods, 2013, 10(1):57-59.

[268] Shannon C.E. The mathematical theory of communication [J]. MD Computing, 1950, 14:306-317.

[269] Frenne P.D., Lenoir J., Luoto M., et al. Forest microclimates and climate change:Importance, drivers and future research agenda [J]. Global Change Biology,

2021，27(5)：965-986.

[270] Thoms C. Fagus sylvatica in temperate deciduous forests differing in tree species diversity-effects on the soil microbial community and complementary resource use [D]. Thuringia: Friedrich Schiller University, 2013.

[271] Klimek B., Chodak M., Jaźwa M., et al. The relationship between soil bacteria substrate utilisation patterns and the vegetation structure in temperate forests [J]. European Journal of Forest Research, 2016, 135(1):179-189.

[272] Lin Y.T., Whitman W.B., Coleman D.C., et al. Cedar and bamboo plantations alter structure and diversity of the soil bacterial community from a hardwood forest in subtropical mountain [J]. Applied Soil Ecology, 2017, 112:28-33.

[273] 龚霞，牛德奎，赵晓蕊，等.植被恢复对亚热带退化红壤区土壤化学性质与微生物群落的影响[J].应用生态学报，2013, 24(4): 1094-1100.

[274] Lin X., Zhang Y., Song S., et al. Bacterial diversity patterns differ in different patch types of mixed forests in the upstream area of the Yangtze River basin [J]. Applied Soil Ecology, 2021, 161:103868.

[275] De Castro V.H.L., Schroeder L.F., Quirino B.F., et al. Acidobacteria from oligotrophic soil from the Cerrado can grow in a wide range of carbon source concentrations [J]. Revue Canadienne De Microbiologie, 2013, 59(11):746-753.

[276] Fierer N., Lauber C.L., Ramirez K.S., et al. Comparative metagenomic, phylogenetic and physiological analyses of soil microbial communities across nitrogen gradients[J]. The ISME Journal, 2012, 6(5):1007-1017.

[277] Vetrovsky T., Steffen K.T., Baldrian P. Potential of cometabolic transformation of polysaccharides and lignin in lignocellulose by soil actinobacteria [J]. PLoS One, 2014, 9(2):e89108.

[278] Klatt C.G., Liu Z.F., Ludwig M. Temporal metatranscriptomic patterning in phototrophic Chloroflexi inhabiting a microbial mat in a geothermal spring [J]. The ISME Journal, 2013, 7(9):1775-1789.

[279] Moreno-Esp í ndola I.P., Ferrara-Guerrero M.J., Luna-Guido M.L., et al. The bacterial community structure and microbial activity in a traditional organic milpa farming system under different soil moisture conditions [J]. Frontiers in Microbiology, 2018, 9:2737.

[280] Huang X., Liu Y., Li Y., et al. Foliage application of nitrogen has less influence on soil microbial biomass and community composition than soil application of nitrogen [J]. Journal of Soils and Sediments, 2019, 9:221-231.

[281] Chen J., Shen W., Xu H., et al. The composition of nitrogen-fixing microorganisms correlates with soil nitrogen content during reforestation: A comparison between

legume and non-legume plantations [J]. Frontiers in Microbiology, 2019, 10:508

[282] Siles J.A., Fierer N., Margesin R. Abundance and diversity of bacterial, archaeal, and fungal communities along an altitudinal gradient in alpine forest soils:What are the driving factors? [J]. Microbial Ecology, 2016, 72(1):207-220.

[283] Nie Y., Wang M., Zhang W., et al. Ammonium nitrogen content is a dominant predictor of bacterial community composition in an acidic forest soil with exogenous nitrogen enrichment [J]. Science of the Total Environment, 2018, 624:407-415.

[284] Qu Z.L., Liu B., Ma Y, et al.The response of the soil bacterial community and function to forest succession caused by forest disease[J]. Functional Ecology, 2020, 34(12):2548-2559.

[285] Zhao D.Q., Ling J., Wu G., et al. The incorporation of straw into the subsoil increases C, N, and P enzyme activities and nutrient supply by enriching distinctive functional microorganisms [J]. Land Degradation & Development, 2023, 34(5):1297-1310.

[286] Rajal D., Archana Y., Gupta V,K.,et al. Rhizospheric bacterial community of endemic Rhododendron arboreum Sm. Ssp. delavayi along eastern Himalayan slope in Tawang[J]. Frontiers in Plant Science, 2016, 7:1345.

[287] Li W., Jiang L., Zhang Y., et al. Structure and driving factors of the soil microbial community associated with Alhagi sparsifolia in an arid desert [J]. PLoS ONE, 2021, 16(7):e0254065.

[288] Qiao S., Zhou Y., Liu J., et al. Characteristics of soil bacterial community structure in coniferous forests of guandi mountains, Shanxi Province [J]. Scientia Silvae Sinicae, 2017, 53:89-99.

[289] Wu W.X., Zhou X.G., Wen Y.G., et al. Coniferous-broadleaf mixture increases soil microbial biomass and functions accompanie by improved stand biomass and litter production in subtropical China [J]. Forests, 2019, 10(10):879.

[290] Kim J.M., Roh A.S., Choi S.C., et al. Soil pH and electrical conductivity are key edaphic factors shaping bacterial communities of greenhouse soils in Korea [J]. Journal of Microbiology, 2016, 54(12):838-845.

[291] Pascual J., Garcia-Lopez M., Bills G.F. Longimicrobium terrae gen. nov., sp. nov., an oligotrophic bacterium of the under-represented phylum Gemmatimonadetes isolated through a system of miniaturized diffusion chambers [J]. International Journal of Systematic and Evolutionary Microbiology, 2016, 66:1976-1985.

[292] Fierer N. Verrucomicrobia and their role in soil methanol consumption [J]. B21J-02 Microbial Controls of Biogeochemical Cycling, presented at 2015 Fall Meeting,

AGU, San Francisco, CA, 2015, 14-18 Dec.

[293] Catania V., Bueno R.S., Alduina R., et al. Soil microbial biomass and bacterial diversity in southern European regions vulnerable to desertification [J]. Ecological Indicators, 2022, 145 : 109725.

[294] 杨山，李小彬，王汝振，等.氮水添加对中国北方草原土壤细菌多样性和群落结构的影响 [J].应用生态学报，2015，26(3)：739-746.

附　录

附表 1　不同林分植被结构及生长特征

林分	分层	中文名	拉丁名	科	属	胸径 /cm	地径 /cm	株高 /m	功能型
马尾松林	乔木层	马尾松	*Pinus massoniana*	松科	松属	24.62±3.28		28.24±3.28	常绿
	乔木层	构树	*Broussonetia papyrifera*	桑科	构树属	4.0±2.25		2.23±1.23	落叶
	乔木层	柘树	*Cudrania tricuspidata*	桑科	柘属	2.04±1.52		2.85±0.65	落叶
	灌木层	山胡椒	*Lindera glauca*	樟科	山胡椒属		2.61±1.23	2.31±0.21	落叶
	灌木层	卫矛	*Euonymus alatus*	卫矛科	卫矛属		2.05±0.87	1.89±0.35	常绿
	灌木层	华山矾	*Symplocos chinensis*	山矾科	山矾属		1.02±0.56	0.92±0.22	落叶
	草本层	蛇莓	*Duchesnea indica*	蔷薇科	蛇莓属				多年生
	草本层	猪殃殃	*Galium aparine*	茜草科	猪殃殃属				落叶
	藤本层	野蔷薇	*Rosa multiflora*	蔷薇科	蔷薇属				落叶
	藤本层	南蛇藤	*Celastrus orbiculatus*	卫矛科	南蛇藤属				落叶
	藤本层	络石	*Trachelospermum jasminoides*	夹竹桃科	络石属				常绿
	藤本层	扶芳藤	*Euonymus fortunei*	卫矛科	卫矛属				常绿

续表

林分	分层	中文名	拉丁名	科	属	胸径/cm	地径/cm	株高/m	功能型
麻栎林	乔木层	麻栎	*Quercus acutissima*	壳斗科	栎属	38.15±5.97		27.54±3.23	落叶
	乔木层	构树	*Broussonetia papyrifera*	桑科	构树属	10.86±2.36		4.56±0.87	落叶
	灌木层	卫矛	*Euonymus alatus*	卫矛科	卫矛属		1.57±0.23	1.49±0.34	常绿
	灌木层	青灰叶下珠	*Phyllanthus glaucus*	大戟科	叶下珠属		1.23±0.17	2.34±0.63	落叶
	草本层	苔草	*Carex spp.*	莎草科	薹草属				多年生
	草本层	猪殃殃	*Galium aparine*	茜草科	猪殃殃属				落叶
枫香林	乔木层	枫香	*Liquidambar formosana*	金缕梅科	枫香树属	25.63±10.54		28.36±8.16	落叶
	乔木层	乌桕	*Sapium sebiferum*	大戟科	乌桕属	10.34±3.16		12.67±7.41	落叶
	乔木层	杜仲	*Eucommia ulmoides*	杜仲科	杜仲属	5.96±0.17		8.78±2.49	落叶
	乔木层	柘树	*Cudrania tricuspidata*	桑科	柘属	8.97±1.69		10.64±5.67	落叶
	灌木层	六月雪	*Serissa japonica*	茜草科	六月雪属		0.68±0.61	0.32±0.21	常绿
	灌木层	郁李	*Cerasus japonica*	蔷薇科	樱属		2.18±0.83	2.13±0.92	落叶
	灌木层	猫乳	*Rhamnella franguloides*	鼠李科	猫乳属		2.59±1.21	3.67±1.64	落叶
	灌木层	卫矛	*Euonymus alatus*	卫矛科	卫矛属		2.97±0.98	2.14±0.92	常绿

续表

林分	分层	中文名	拉丁名	科	属	胸径/cm	地径/cm	株高/m	功能型
	灌木层	野花椒	*Zanthoxylum simulans*	芸香科	花椒属		3.54±1.75	4.96±1.47	落叶
	灌木层	茶条漆	*Acer ginnala*	槭树科	槭属		3.98±1.02	4.23±1.65	落叶
	草本层	荩草	*Arthraxon hispidus*	禾本科	荩草属				一年生
	草本层	紫花地丁	*Viola philippica*	堇菜科	堇菜属				多年生
	草本层	猪殃殃	*Galium aparine*	茜草科	猪殃殃属				落叶
	草本层	天葵	*Semiaquilegia adoxoides*	毛茛科	天葵属				多年生
枫香林	草本层	茜草	*Rubia cordifolia*	茜草科	茜草属				多年生
	草本层	野艾蒿	*Artemisia lavandulaefolia*	菊科	蒿属				多年生
	草本层	宝盖草	*Lamium amplexicaule*	唇形科	野芝麻属				一年生或二年生
	草本层	牛繁缕	*Malachiumaquaticum*	石竹科	繁缕属				一年生
	草本层	蛇莓	*Duchesnea indica*	蔷薇科	蛇莓属				多年生
	草本层	葎草	*Humulus scandens*	桑科	葎草属				多年生

续表

林分	分层	中文名	拉丁名	科	属	胸径/cm	地径/cm	株高/m	功能型
枫香林	藤本层	络石	*Trachelospermum jasminoides*	夹竹桃科	络石属				常绿
	藤本层	五叶木通	*Akebia quinata*	木通科	木通科				落叶
	藤本层	扶芳藤	*Euonymus fortunei*	卫矛科	卫矛属				常绿
	蕨类层	井栏边草	*Pteris multifida*	凤尾蕨科	凤尾蕨属				常绿
	蕨类层	贯众	*Dryopteris setosa*	鳞毛蕨科	鳞毛蕨属				常绿
落叶阔叶次生林	乔木层	朴树	*Celtis sinensis*	榆科	朴属	9.67±3.26		18.47±4.86	落叶
	乔木层	柘树	*Cudrania tricuspidata*	桑科	柘属	6.47±2.69		5.43±1.47	落叶
	乔木层	构树	*Broussonetia papyrifera*	桑科	构树属	8.54±1.68		1.80.61	落叶
	乔木层	乌桕	*Sapium sebiferum*	大戟科	乌桕属	7.41±2.73		7.64±2.39	落叶
	乔木层	黄连木	*Pistacia chinensis*	漆树科	黄连木属	16.63±5.47		12.54±2.76	落叶
	乔木层	短毛椴	*Tilia chingiana*	椴树科	椴属	25.41±6.79		14.56±2.67	落叶
	乔木层	平基槭	*Acer truncatum*	槭树科	槭属	22.82±5.78		11.69±2.67	落叶
	乔木层	拐枣	*Hovenia Thunb.*	鼠李科	枳椇属	18.57±6.39		10.25±6.89	落叶

续表

林分	分层	中文名	拉丁名	科	属	胸径/cm	地径/cm	株高/m	功能型
落叶阔叶次生林	灌木层	细梗胡枝子	*Lespedeza virgata*	豆科	胡枝子属		1.34±0.39	0.31±0.08	落叶
	灌木层	六月雪	*Serissa japonica*	茜草科	六月雪属		0.57±0.14	0.33±0.12	常绿
	灌木层	白檀	*Symplocos paniculata*	山矾科	山矾属		3.13±1.21	4.58±2.34	落叶
	灌木层	山胡椒	*Lindera glauca*	樟科	山胡椒属		2.47±1.42	2.28±1.09	落叶
	灌木层	野山楂	*Crataegus cuneata*	蔷薇科	山楂属		1.52±0.64	1.21±0.23	落叶
	灌木层	卫矛	*Euonymus alatus*	卫矛科	卫矛属		2.47±1.22	2.89±1.54	常绿
	草本层	一年蓬	*Erigeron annuus*	菊科	飞蓬属				一年生或二年生
	草本层	商陆	*Phytolacca acinosa*	商陆科	商陆属				多年生
	草本层	荩草	*Arthraxon hispidus*	禾本科	荩草属				一年生
	草本层	葎草	*Humulus scandens*	桑科	葎草属				多年生
	草本层	蛇床	*Cnidium monnieri*	伞形科	蛇床属				一年生
	草本层	紫花地丁	*Viola philippica*	堇菜科	堇菜属				多年生
	草本层	夏枯草	*Prunella vulgaris*	唇形科	夏枯草属				多年生
	草本层	猪殃殃	*Galium aparine*	茜草科	猪殃殃属				落叶

续表

林分	分层	中文名	拉丁名	科	属	胸径/cm	地径/cm	株高/m	功能型
	草本层	麦冬	*Ophiopogon japonicus*	百合科	沿阶草属				多年生
	草本层	宝盖草	*Lamium amplexicaule*	唇形科	野芝麻属				一年生
	草本层	龙牙草	*Agrimonia nipponica*	蔷薇科	龙芽草属				多年生
	草本层	蛇莓	*Duchesnea indica*	蔷薇科	蛇莓属				多年生
	草本层	早熟禾	*Poa annua*	禾本科	早熟禾属				一年生
	藤本层	南蛇藤	*Celastrus orbiculatus*	卫矛科	南蛇藤属				落叶
	藤本层	野蔷薇	*Rosa multiflora*	蔷薇科	蔷薇属				落叶
	藤本层	菝葜	*Smilax china*	百合科	菝葜属				落叶
	藤本层	络石	*Trachelospermum jasminoides*	夹竹桃科	络石属				常绿
	藤本层	蛇葡萄	*Ampelopsis glandulosa*	葡萄科	蛇葡萄属				落叶
	藤本层	扶芳藤	*Euonymus fortunei*	卫矛科	卫矛属				常绿
	藤本层	木防己	*Cocculus orbiculatus*	防己科	木防己属				落叶
	蕨类层	井栏边草	*Pteris multifida*	凤尾蕨科	凤尾蕨属				常绿
	蕨类层	贯众	*Dryopteris setosa*	鳞毛蕨科	鳞毛蕨属				常绿

（左侧跨行："落叶阔叶次生林"）

注：胸径、地径和株高的值为平均值±标准差。

附表2　不同林分主要乔木和灌木树种重要性指数

林分	植物名称	相对密度/%	相对频度/%	相对显著度/%	重要值/%
马尾松林	马尾松	38.26	52.19	27.66	118.11
	构树	4.36	2.36	2.58	9.3
	柘树	3.41	1.47	1.69	6.57
	山胡椒	1.03	0.21	0.15	1.39
	卫矛	1.34	1.36	1.02	3.72
	华山矾	0.74	0.14	0.35	1.23
麻栎林	麻栎	67.27	66.14	78.12	211.53
	构树	2.18	1.33	1.17	4.68
	卫矛	0.85	0.36	0.47	1.68
	青灰叶下珠	0.68	0.55	0.24	1.47
枫香林	枫香	62.67	71.33	72.78	206.78
	乌桕	8.21	4.56	5.36	18.13
	杜仲	1.01	0.23	0.64	1.88
	柘树	2.66	1.58	2.98	7.22
	六月雪	1.63	0.12	0.11	1.86
	郁李	0.64	0.34	0.22	1.2
	猫乳	0.23	0.11	0.34	0.68
	卫矛	5.14	2.68	2.36	10.18
	野花椒	1.14	0.85	0.66	2.65
	茶条漆	2.39	3.74	3.97	10.1
落叶阔叶次生林	朴树	20.86	14.69	16.77	52.32
	柘树	22.31	14.72	18.55	55.58
	构树	9.45	11.55	8.12	29.12

林分	植物名称	相对密度 /%	相对频度 /%	相对显著度 /%	重要值 /%
落叶阔叶次生林	乌桕	2.78	3.76	4.18	10.72
	黄连木	4.98	5.96	8.64	19.58
	短毛椴	6.32	4.22	6.14	16.68
	平基槭	5.31	3.25	3.66	12.22
	拐枣	2.44	2.43	1.86	6.73
	细梗胡枝子	0.47	0.58	0.31	1.36
	六月雪	0.14	0.35	0.22	0.71
	白檀	2.55	4.77	2.11	9.43
	山胡椒	6.85	6.43	2.48	15.76
	野山楂	1.36	1.47	1.88	4.71
	卫矛	8.71	6.44	2.79	17.94

附表3 不同林分土壤理化性质生长季变化特征

林分	土层/cm	pH值		电导率/(μS/cm)		含水率/%		全钾/(mg/g)	
		均值	范围	均值	范围	均值	范围	均值	范围
马尾松林	0~10	5.07	4.23~6.33	80.25	50~210	23.08	5.51~37.44	6.89	1.93~9.43
	10~20	5.34	4.66~6.61	54.67	30~90	26.50	5.29~32.95	7.88	2.74~11.54
	20~30	5.57	4.79~6.69	59.20	30~110	29.28	9.05~35.82	8.43	3.16~12.96
麻栎林	0~10	4.37	3.72~4.66	108.23	70~340	25.02	18.20~28.42	6.13	3.73~8.77
	10~20	4.58	3.66~5.17	103.96	60~300	23.73	18.84~27.65	6.68	2.95~9.41
	20~30	4.88	4.12~5.18	81.31	30~230	25.08	18.29~33.16	7.15	3.69~10.57
枫香林	0~10	5.03	4.21~5.96	76.67	50~160	28.68	19.62~35.35	7.80	4.71~12.13
	10~20	5.27	4.02~6.21	60.60	40~100	27.54	20.27~35.91	8.89	5.21~11.49
	20~30	5.49	4.69~6.38	62.39	50~90	28.16	22.38~32.50	8.53	5.17~11.1
落叶阔叶次生林	0~10	5.55	4.38~6.15	96.93	90~230	30.28	21.48~45.22	7.01	3.97~8.42
	10~20	5.60	4.84~6.44	75.18	50~130	29.31	18.75~36.96	7.73	5.16~10.31
	20~30	5.83	5.12~6.54	72.56	50~160	30.61	17.46~41.08	7.80	5.50~10.67

续表

林分	土层/cm	可溶性有机碳/(mg/kg)		可溶性有机氮/(mg/kg)		铵态氮/(mg/kg)		硝态氮/(mg/kg)	
		均值	范围	均值	范围	均值	范围	均值	范围
马尾松林	0~10	59.53	37.05~78.56	8.31	5.97~11.93	5.78	2.57~8.00	2.25	0.54~5.35
	10~20	45.12	28.94~65.18	5.89	4.27~8.12	3.47	1.51~5.79	1.30	0.35~2.75
	20~30	35.65	19.53~58.31	4.90	3.45~9.46	2.77	0.85~5.63	1.09	1.99~1.24
麻栎林	0~10	91.63	45.27~122.97	10.95	5.99~14.97	6.42	3.41~15.94	2.65	1.17~4.95
	10~20	75.87	29.62~96.90	7.64	4.66~9.95	4.60	2.34~9.15	1.58	0.62~3.04
	20~30	62.41	30.28~97.25	7.26	4.82~10.87	4.86	2.53~8.49	1.24	0.10~3.13
枫香林	0~10	46.68	19.50~98.52	9.27	6.25~20.77	0.82	0.32~1.87	3.69	0.24~8.63
	10~20	37.10	16.77~91.41	7.29	5.41~14.20	0.64	0.24~1.63	1.35	0.08~3.43
	20~30	29.99	11.02~91.18	6.59	4.34~12.184	0.61	0.21~1.87	1.37	0.30~2.71
落叶阔叶次生林	0~10	42.77	25.19~99.72	11.42	6.56~26.75	1.02	0.37~2.49	3.15	0.17~13.37
	10~20	32.38	13.52~84.33	8.54	5.93~15.33	0.78	0.33~1.93	1.64	1.02~6.32
	20~30	36.89	9.05~65.53	7.23	4.95~14.61	0.68	0.22~1.54	1.46	0.66~3.24

续表

林分	土层/cm	全磷/(mg/g)		土壤有机碳/(g/kg)		全氮/(g/kg)	
		均值	范围	均值	范围	均值	范围
马尾松林	0~10	0.22	0.08~0.25	26.61	13.59~40.11	1.68	0.54~2.78
	10~20	0.21	0.06~0.16	17.31	9.73~48.39	1.26	0.34~2.54
	20~30	0.18	0.04~0.14	14.81	5.58~31.25	1.14	0.32~1.66
麻栎林	0~10	0.21	0.16~0.51	35.21	15.2~62.08	2.38	0.36~2.81
	10~20	0.17	0.11~0.57	21.35	3.79~28.97	1.54	0.30~2.14
	20~30	0.18	0.15~0.40	19.36	5.19~21.9	1.42	0.56~1.79
枫香林	0~10	0.15	0.12~0.32	20.38	17.92~67.3	1.36	1.22~4.23
	10~20	0.15	0.10~0.26	14.20	10.26~38.95	1.07	0.74~2.25
	20~30	0.13	0.08~0.55	12.23	6.89~41.82	0.98	0.51~2.46
落叶阔叶次生林	0~10	0.20	0.16~0.26	23.39	20.91~61.77	1.89	1.67~3.71
	10~20	0.18	0.13~0.23	17.41	13.88~46.1	1.56	1.17~2.79
	20~30	0.16	0.10~0.20	15.01	12.64~40.96	1.50	1.18~2.43

附表4 不同林分土壤理化性质休眠季变化特征

林分	土层/cm	pH值		电导率/(μS/cm)		含水率/%		全钾/(mg/g)	
		均值	范围	均值	范围	均值	范围	均值	范围
马尾松林	0~10	5.33	4.48~6.43	68.83	42.10~200.00	24.64	15.01~34.01	7.81	4.46~10.29
	10~20	5.54	4.83~6.43	48.68	25.50~166.80	30.01	23.31~38.67	8.66	5.60~13.53
	20~30	5.76	5.13~6.38	59.07	37.00~107.40	32.48	24.02~39.61	10.06	7.15~14.88
麻栎林	0~10	4.60	4.12~4.97	48.46	22.30~93.60	27.05	22.37~35.39	6.77	3.79~12.185
	10~20	4.85	4.49~5.94	49.26	40.60~64.30	25.60	19.96~32.00	8.85	5.02~13.18
	20~30	5.18	4.54~6.67	49.95	41.40~124.70	26.85	15.96~34.32	7.90	4.57~12.57
枫香林	0~10	4.98	4.52~6.18	52.67	44.20~66.70	30.28	24.41~40.48	7.96	4.62~15.74
	10~20	5.19	4.47~6.21	51.86	34.60~94.00	28.89	21.48~37.56	8.77	2.41~13.14
	20~30	5.46	4.69~6.46	51.45	31.50~67.00	29.77	19.96~39.10	9.06	3.77~14.38
落叶阔叶次生林	0~10	5.85	4.88~6.77	57.19	38.50~137.00	29.58	25.46~35.13	9.78	7.00~12.81
	10~20	5.82	4.62~6.70	54.35	32.50~100.70	30.14	23.36~38.90	9.79	7.61~12.48
	20~30	6.02	4.90~6.85	57.12	36.00~82.90	30.94	25.52~42.05	9.90	7.57~13.66

续表

林分	土层/cm	可溶性有机碳/(mg/kg)		可溶性有机氮/(mg/kg)		铵态氮/(mg/kg)		硝态氮/(mg/kg)	
		均值	范围	均值	范围	均值	范围	均值	范围
马尾松林	0~10	37.19	16.17~65.07	5.89	3.10~11.07	1.96	0.48~8.65	1.43	0.31~6.58
	10~20	30.18	6.37~71.03	4.80	1.73~8.49	0.84	0.40~1.43	0.98	0.15~5.90
	20~30	21.49	5.88~56.06	4.73	1.65~8.57	0.74	0.24~2.05	1.03	0.03~5.71
麻栎林	0~10	67.19	36.85~82.54	8.19	5.29~12.99	1.43	0.47~3.44	2.54	0.36~4.55
	10~20	56.79	18.41~74.84	6.89	5.62~8.72	1.25	0.41~2.58	1.23	0.22~4.05
	20~30	40.68	12.68~69.23	5.85	4.29~10.20	0.88	0.18~3.91	1.28	0.11~4.87
枫香林	0~10	30.24	12.56~65.14	6.34	4.65~8.73	1.35	0.23~3.31	1.01	0.61~1.73
	10~20	27.19	10.08~73.41	5.23	3.43~9.37	0.71	0.13~1.34	0.68	0.35~1.65
	20~30	22.83	9.98~73.60	5.20	3.38~7.96	0.76	0.01~1.39	0.68	0.30~1.62
落叶阔叶次生林	0~10	27.93	18.19~44.56	7.52	5.03~12.38	0.53	0.22~0.87	0.47	0.28~0.73
	10~20	38.21	9.83~62.49	6.96	4.32~12.84	0.35	0.15~0.78	0.37	0.18~0.70
	20~30	22.30	10.17~71.46	6.72	4.62~11.40	0.26	0.10~0.87	0.33	0.08~0.56

续表

林分	土层/cm	全磷/(mg/g)		土壤有机碳/(g/kg)		全氮/(g/kg)	
		均值	范围	均值	范围	均值	范围
马尾松林	0~10	0.12	0.04~0.19	22.54	7.89~36.29	1.00	0.59~2.07
	10~20	0.12	0.05~0.47	13.00	5.55~17.44	0.87	0.51~1.24
	20~30	0.08	0.05~0.11	10.52	4.7~15.28	0.82	0.44~1.12
麻栎林	0~10	0.19	0.10~0.30	21.55	12.54~49.54	1.51	1.08~2.96
	10~20	0.19	0.14~0.26	16.59	12.49~27.74	1.58	0.99~2.11
	20~30	0.17	0.06~0.28	13.26	10.08~25.98	1.15	0.87~1.93
枫香林	0~10	0.22	0.14~0.32	27.51	8.54~53.04	1.98	0.95~3.51
	10~20	0.20	0.13~0.32	18.51	12.58~30.59	1.58	1.21~2.27
	20~30	0.18	0.12~0.25	15.91	9.04~26.57	1.44	1.06~1.98
落叶阔叶次生林	0~10	0.18	0.14~0.24	21.94	14.57~34.48	1.86	1.4~2.76
	10~20	0.15	0.12~0.21	16.30	11.35~20.87	1.54	1.25~1.90
	20~30	0.14	0.11~0.21	13.04	9.70~17.59	1.38	1.14~3.01

附表5　生长季不同林分类型土壤理化特性

土层 /cm	林分	pH 值	电导率 /（μS/cm）	含水率 /%	全钾 /（mg/g）
0～10	马尾松林	5.07±0.64ab	80.25±21.19ab	23.08±7.89b	6.89±1.60ab
	麻栎林	4.37±0.34c	108.23±28.87a	25.02±3.66b	6.13±1.44b
	枫香林	5.03±0.48b	76.67±22.21b	28.68±4.70a	7.80±1.13a
	落叶阔叶次生林	5.55±0.55a	96.93±24.92ab	30.28±5.13a	7.01±0.84ab
10～20	马尾松林	5.34±0.53a	54.67±12.06b	26.50±7.85bc	7.88±2.12ab
	麻栎林	4.58±0.49b	103.96±13.18a	23.73±3.61c	6.68±1.32b
	枫香林	5.27±0.56a	60.60±17.72b	27.54±4.76ab	8.89±1.55a
	落叶阔叶次生林	5.60±0.54a	75.18±16.46b	29.31±4.60a	7.73±1.49ab
20～30	马尾松林	5.57±0.49ab	59.20±11.27b	29.28±7.77a	8.43±2.68a
	麻栎林	4.88±0.51c	81.31±11.52a	25.08±4.91b	7.15±1.81a
	枫香林	5.49±0.51b	62.39±15.84b	28.16±4.98a	8.53±1.82a
	落叶阔叶次生林	5.83±0.48a	72.56±19.33ab	30.61±5.63a	7.80±1.39a

土层 /cm	林分	全磷 /（mg/g）	铵态氮 /（mg/kg）	硝态氮 /（mg/kg）
0～10	马尾松林	0.22±0.02a	5.78±0.90a	2.25±1.06b
	麻栎林	0.21±0.04a	6.42±1.59a	2.65±0.88ab
	枫香林	0.15±0.02b	0.82±0.50b	3.69±1.14a
	落叶阔叶次生林	0.20±0.04a	1.02±0.49b	3.15±1.15ab
10～20	马尾松林	0.21±0.06a	3.47±1.22b	1.30±0.68a
	麻栎林	0.17±0.04ab	4.60±1.70a	1.58±0.65a
	枫香林	0.15±0.04b	0.64±0.40c	1.35±0.74a
	落叶阔叶次生林	0.18±0.05ab	0.78±0.46c	1.64±0.59a
20～30	马尾松林	0.18±0.04a	2.77±1.31b	1.09±0.49a
	麻栎林	0.18±0.03a	4.86±1.53a	1.24±0.71a
	枫香林	0.13±0.02b	0.61±0.51c	1.37±0.63a
	落叶阔叶次生林	0.16±0.03ab	0.68±0.46c	1.46±0.59a

续表

土层 /cm	林分	可溶性有机碳 /（mg/kg）	可溶性有机氮 /（mg/kg）	土壤有机碳 /（g/kg）	全氮 /（g/kg）
0～10	马尾松林	59.53±12.55b	8.31±1.81b	26.61±11.41b	1.68±0.67b
	麻栎林	91.63±15.89a	10.95±2.47a	35.21±11.31a	2.38±0.62a
	枫香林	46.48±18.59bc	9.27±2.09ab	20.38±9.55c	1.36±0.53c
	落叶阔叶次生林	42.77±12.81c	10.42±3.10ab	23.39±8.29bc	1.89±0.49b
10～20	马尾松林	45.12±9.95b	5.89±1.24b	17.31±8.50b	1.26±0.54b
	麻栎林	75.87±10.26a	7.64±1.54a	21.35±7.68a	1.54±0.39a
	枫香林	37.10±13.11bc	7.29±1.60ab	14.20±4.48b	1.07±0.32b
	落叶阔叶次生林	32.38±11.21c	8.54±2.29a	17.41±4.33b	1.56±0.26a
20～30	马尾松林	35.65±11.26b	4.90±0.94b	14.81±5.58b	1.14±0.41b
	麻栎林	62.41±8.93a	7.26±1.71a	19.36±8.29a	1.42±0.41a
	枫香林	29.99±12.85b	6.59±1.67a	12.23±4.10b	0.98±0.30b
	落叶阔叶次生林	36.89±17.99b	7.23±2.00a	15.01±4.46b	1.50±0.53a

注：数值为样本的平均值±标准差（SD）。同一列中不同小写字母（a、b、c）表示经单因素方差分析和Fisher's LSD检验后差异显著（$P<0.05$）。

附表6　休眠季不同林分类型土壤理化特性

土层/cm	林分	pH 值	电导率/(μS/cm)	含水率/%	全钾/(mg/g)
0～10	马尾松林	5.33±0.58b	65.83±18.67a	24.64±6.10b	7.81±1.60b
	麻栎林	4.60±0.19c	48.46±11.29b	27.05±3.27ab	6.77±1.79b
	枫香林	4.98±0.49bc	52.67±6.54b	30.28±4.95a	7.96±2.35ab
	落叶阔叶次生林	5.85±0.48a	57.19±11.10ab	29.58±3.16a	9.78±1.59a
10～20	马尾松林	5.54±0.53ab	48.68±13.36a	30.01±4.54a	8.66±1.67a
	麻栎林	4.85±0.36c	49.26±6.61a	25.60±3.41b	8.85±2.27a
	枫香林	5.19±0.55bc	51.86±13.20a	28.89±4.37ab	8.77±3.09a
	落叶阔叶次生林	5.82±0.52a	54.35±9.49a	30.14±4.37a	9.79±1.58a
20～30	马尾松林	5.76±0.43ab	59.07±15.40a	32.48±4.23a	10.06±1.92a
	麻栎林	5.18±0.49c	49.95±5.54a	26.85±5.24b	7.90±2.04a
	枫香林	5.46±0.54bc	51.45±9.06a	29.77±5.66ab	9.06±3.56a
	落叶阔叶次生林	6.02±0.48a	57.12±11.96a	30.94±4.25ab	9.90±1.94a

土层/cm	林分	全磷/(mg/g)	铵态氮/(mg/kg)	硝态氮/(mg/kg)
0～10	马尾松林	0.12±0.05b	1.96±0.52a	1.43±0.47b
	麻栎林	0.19±0.05a	1.43±0.43ab	2.54±0.63a
	枫香林	0.22±0.05a	1.35±0.47ab	1.01±0.40bc
	落叶阔叶次生林	0.18±0.03a	0.53±0.23b	0.47±0.13c
10～20	马尾松林	0.12±0.02b	0.84±0.34ab	0.98±0.36ab
	麻栎林	0.19±0.03a	1.25±0.43a	1.23±0.41a
	枫香林	0.20±0.06a	0.71±0.28bc	0.68±0.30ab
	落叶阔叶次生林	0.15±0.03ab	0.35±0.19c	0.37±0.16b
20～30	马尾松林	0.08±0.02b	0.74±0.36a	1.03±0.46ab
	麻栎林	0.17±0.05a	0.88±0.50a	1.28±0.58a
	枫香林	0.18±0.04a	0.76±0.29a	0.68±0.37ab
	落叶阔叶次生林	0.14±0.03a	0.26±0.20b	0.33±0.13b

土层 /cm	林分	可溶性有机碳 /（mg/kg）	可溶性有机氮 /（mg/kg）	土壤有机碳 /（g/kg）	全氮 /（g/kg）
0 ～ 10	马尾松林	37.19±12.51b	5.89±1.94c	22.54±7.06a	1.00±0.36c
	麻栎林	67.19±8.97a	8.19±1.50a	21.55±5.35a	1.51±0.27b
	枫香林	30.24±11.71b	6.34±1.37bc	27.51±8.70a	1.98±0.54a
	落叶阔叶次生林	27.93±6.55b	7.52±1.56ab	21.94±5.59a	1.86±0.36ab
10 ～ 20	马尾松林	30.18±9.08bc	4.80±1.41b	13.00±2.65b	0.87±0.23c
	麻栎林	56.79±7.96a	6.89±1.09a	16.59±3.54ab	1.27±0.28b
	枫香林	27.19±5.61c	5.23±1.49b	18.51±5.24a	1.58±0.32a
	落叶阔叶次生林	38.21±9.20b	6.96±1.51a	16.30±2.97ab	1.54±0.19a
20 ～ 30	马尾松林	21.49±6.49b	4.73±1.39b	10.52±3.63b	0.82±0.21c
	麻栎林	40.68±10.75a	5.85±0.95ab	13.26±2.17ab	1.15±0.27b
	枫香林	22.83±6.60b	5.20±1.19b	15.91±4.74a	1.44±0.28a
	落叶阔叶次生林	22.30±5.76b	6.72±1.66a	13.04±2.37ab	1.38±0.21ab

注：数值为样本的平均值±标准差（SD）。同一列中不同小写字母（a、b、c）表示经单因素方差分析和Fisher's LSD检验后差异显著（$P<0.05$）。

附表7 主要符号注释表

符号中文名称	符号缩写	符号中文名称	符号缩写
电导率	EC	含水率	SWC
可溶性有机碳	DOC	可溶性有机氮	DON
总磷	TP	铵态氮	AN
硝态氮	NN	土壤有机碳	SOC
总氮	TN	微生物量碳	MBC
微生物量氮	MBN	颜色平均变化率	AWCD
方差分析	ANOVA	多元方差分析	MANOVA

图 2-1 合肥蜀山森林公园卫星地图

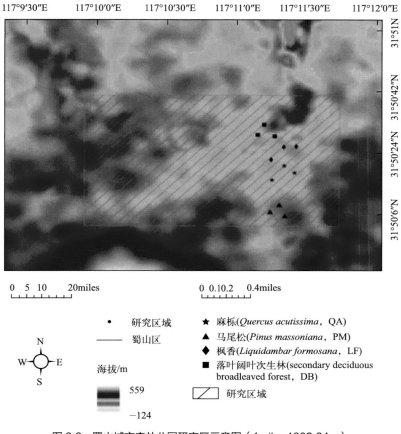

图 2-2 蜀山城市森林公园研究区示意图（1mile=1609.34m）

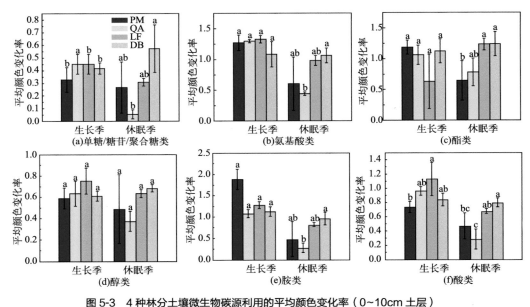

图 5-3　4 种林分土壤微生物碳源利用的平均颜色变化率（0~10cm 土层）

PM—马尾松林；QA—麻栎林；LF—枫香林；DB—天然落叶阔叶次生林

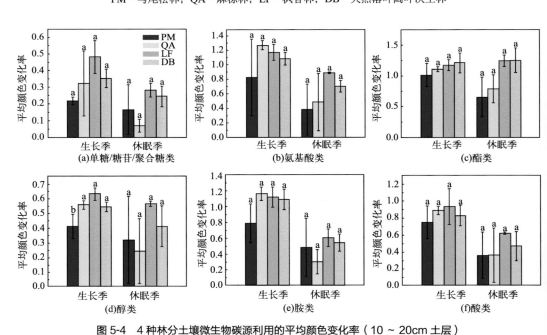

图 5-4　4 种林分土壤微生物碳源利用的平均颜色变化率（10 ~ 20cm 土层）

PM—马尾松林；QA—麻栎林；LF—枫香林；DB—天然落叶阔叶次生林

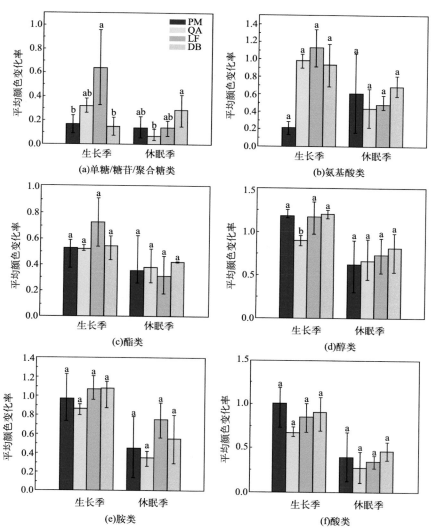

图 5-5　4 种林分土壤微生物碳源利用的平均颜色变化率（20～30cm 土层）

PM—马尾松林；QA—麻栎林；LF—枫香林；DB—天然落叶阔叶次生林

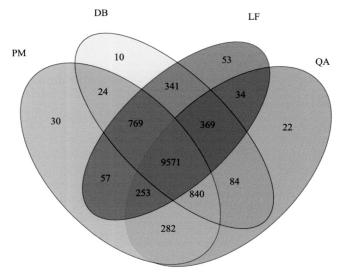

图 6-1　4 种林分类型土壤细菌 OTUs 维恩图

每个椭圆的非重叠部分的数字表示每组特有的编码序列的数量，共有的 OTUs 总数为 9571 个。
PM 是马尾松林；QA 是麻栎林；LF 是枫香林；DB 是落叶阔叶次生林

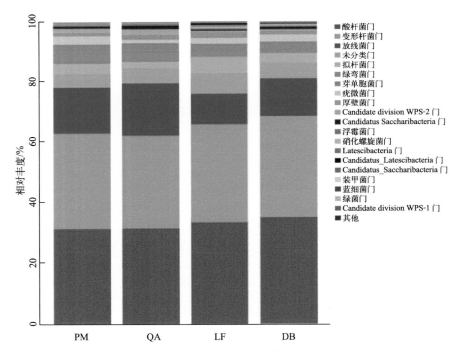

图 6-2　4 种林分土壤门水平细菌群落相对丰度条形图

相对丰度是根据每种林分土壤样品的 15 个生物重复的平均值来确定的。
聚类分析的条形图是在细菌门水平上绘制的

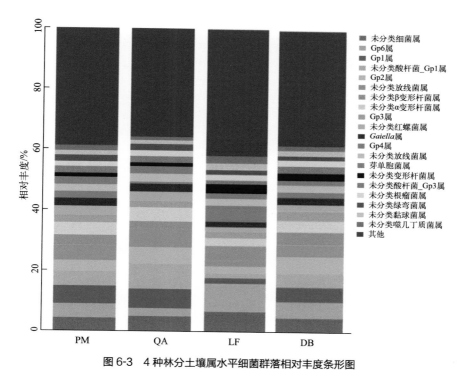

图例：
未分类细菌属
Gp6属
Gp1属
未分类酸杆菌_Gp1属
Gp2属
未分类放线菌属
未分类β变形杆菌属
未分类α变形杆菌属
Gp3属
未分类红螺菌属
*Gaiella*属
Gp4属
未分类放线菌属
芽单胞菌属
未分类变形杆菌属
未分类酸杆菌_Gp3属
未分类根瘤菌属
未分类绿弯菌属
未分类黏球菌属
未分类噬几丁质菌属
其他

图6-3　4种林分土壤属水平细菌群落相对丰度条形图

相对丰度是根据每种林分土壤样品的15个生物重复的平均值来确定的。
聚类分析的条形图是在细菌门水平上绘制的

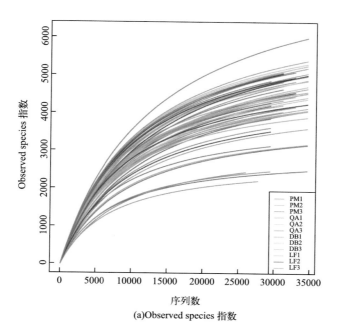

(a)Observed species 指数

图6-4

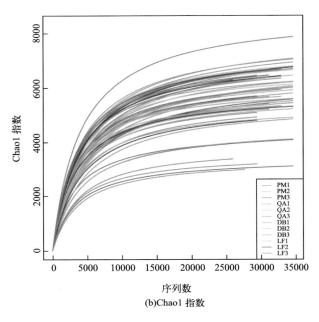

(b)Chao1 指数

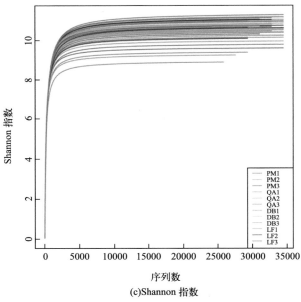

(c)Shannon 指数

图 6-4 土壤细菌 Alpha 稀释曲线

字母后面数字代表样地编号，如PM1代表马尾松1号样地，其他类推

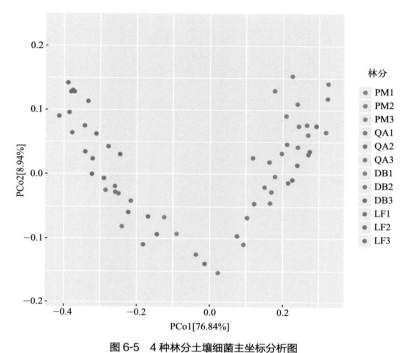

图6-5 4种林分土壤细菌主坐标分析图

大写字母后面的数字代表每种林分的样地编号

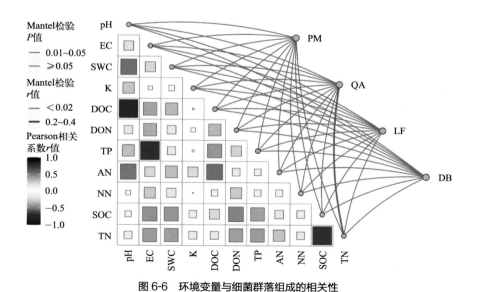

图6-6 环境变量与细菌群落组成的相关性

SWC—土壤含水率；TP—总磷；AN—铵态氮；NN—硝态氮；K—总钾；
DOC—可溶性有机碳；DON—可溶性有机氮；SOC—土壤有机碳；TN—总氮

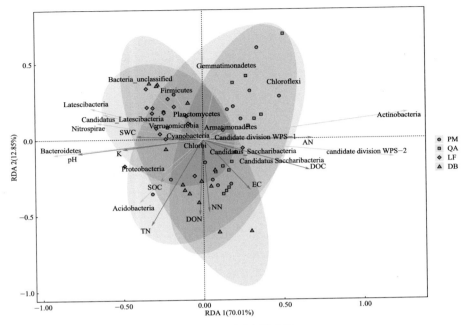

图 6-7　冗余分析排序图

　　该图被用来研究土壤理化性质和主要细菌门类之间的关系。括号内的数字代表每个因素对数据变化的解释百分比，其中RDA1解释了总变化的70.01%，RDA2解释了总变化的12.85%